U0241181

2019年重庆市社科规划特别委托重大项目
重庆市北碚区、西南大学校地合作重大项目
重庆市北碚区重大文化精品工程

北碚文化丛书

科技北碚

郭　亮
赵国壮 ◎主　编

西南大学出版社
国家一级出版社　全国百佳图书出版单位

图书在版编目(CIP)数据

科技北碚 / 郭亮, 赵国壮主编. -- 重庆 : 西南大学出版社, 2024.1
(北碚文化丛书)
ISBN 978-7-5697-2157-7

Ⅰ. ①科… Ⅱ. ①郭… ②赵… Ⅲ. ①科学技术—技术史—北碚区 Ⅳ. ①N092

中国国家版本馆CIP数据核字(2024)第013065号

科技北碚

KEJI BEIBEI

主　编　郭　亮　赵国壮

选题策划 | 蒋登科　秦　俭　张　昊
责任编辑 | 张　琳
责任校对 | 张　昊
装帧设计 | 闰江文化
排　　版 | 王　兴
出版发行 | 西南大学出版社(原西南师范大学出版社)
地址:重庆市北碚区天生路2号
邮编:400715
电话:023-68868624
印　　刷 | 重庆升光电力印务有限公司
成品尺寸 | 145 mm×210 mm
印　　张 | 10.25
字　　数 | 221千字
版　　次 | 2024年1月 第1版
印　　次 | 2024年1月 第1次印刷
书　　号 | ISBN 978-7-5697-2157-7
定　　价 | 68.00元(精装)

“北碚文化丛书”编委会成员

本书编委会

主　编：郭　亮　赵国壮

副主编：潘　洵

编　委：王　刚　赵埜均　马振波

左春梅　陈志刚　邓怡迷

隆　洋　曹高攀　肖远琴

卢　敏　李冰冰　郭　兰

总序

周　勇[1]

习近平总书记在新时代文化建设方面提出了一系列新思想、新观点、新论断，丰富和发展了马克思主义文化理论，构成了习近平新时代中国特色社会主义思想的文化篇，形成了习近平文化思想。习近平总书记还多次对传承和弘扬重庆历史文化作出重要论述，提出明确要求，寄予殷切期望。

重庆是一座具有悠久历史、灿烂文化、优秀人文精神和光荣革命传统，人文荟萃、底蕴厚重的历史文化名城。在江峡相拥的山水之间，大山的脉动与大江的潮涌相互激荡，自然的壮美与创造的瑰丽交相辉映，城镇的繁华与乡村的宁静相得益彰，展现出江山之城的恢宏气势，绽放出美美与共的璀璨风采。

在3000多年的发展史上，重庆出现过多层次、多领域、多形态的文化现象，其中居于主体地位的是巴渝文化、革命

① 周勇，中国抗日战争史学会副会长、中国城市史研究会副会长、重庆史研究会会长、教授、博士生导师。

文化、三峡文化、抗战文化、统战文化、移民文化。它们是居于重庆历史和文化顶层，最具代表性和符号意义的文化元素，由此构成了独具特色的重庆历史文化体系。其中，巴渝文化、革命文化彼此相连，贯通始终，传承演化，共同构成今日重庆历史文化体系的学理基石，也是形成今日重庆人文精神以及重庆人、重庆城性格特征的文化基因。三峡文化、移民文化、抗战文化、统战文化，是在不同历史时期和历史环境中，重庆大地上产生的特色文化。在漫漫历史长河的不同阶段中，发挥着独特的作用，至今仍是重庆历史文化中极具特色的因素，发挥着核心竞争力的作用。

北碚，地处缙云山麓、嘉陵江畔，是一个产生过凤凰涅槃般传奇的地方。

100多年前，北碚还只是一个山川美丽，但匪患肆虐的小乡场。到80多年前的全面抗战时期，北碚发展成为一座享誉中国的美丽小城。新中国成立后，北碚发生了翻天覆地的变化。如今的北碚，已经是重庆主城都市区的中心城区。北碚的百年发展史，展现出极具时代特征的突变性、内涵式发展的特质。北碚素来生态环境优良、人民安居乐业，科学教育发达、创新活力迸发，产业发展兴盛、工业基础雄厚，尤以历史渊源悠久、文化底蕴深厚而著称。这在重庆历史文化体系中具有综合性、典型性、代表性。

近年来，在中共重庆市委的领导下，全市上下认真落实党中央部署要求，加快推进文化强市建设，开创了文化繁荣发展新局面。面对新时代、新征程的新使命和新要求，市委作出了奋力谱写新时代文化强市建设新篇章，为现代化新重庆建设注入强大精神力量的重大部署。特别强调“要大力传承弘扬中华优秀传统文化，深化历史文化研究，加强文化遗产保护，抓好优秀传统文化传承，推动巴渝文化、三峡文化、抗战文化、革命文化、统战文化、移民文化等创造性转化、创新性发展”。

在建设重庆文化强市的赛马比拼中，北碚人用满满的文化自觉与文化自信，以历史的眼光重新审视北碚，以文化的视野宏观鸟瞰北碚，以艺术的手段通俗表现北碚，从史话、名人、抗战、乡建、教育、科技、诗文、书画、民俗、景观十个方面，全面而系统地梳理了北碚的文化和历史，构成了图文并茂、鲜活生动的北碚文化长卷。这部十卷本的“北碚文化丛书”，就是北碚人书写北碚传奇的代表作，更是向时代和人民交出的一份厚重的文化答卷。

“北碚文化丛书”具有广泛的包容性。它涵盖了历史沿革、文化遗产、民俗风情、民间艺术、人文景观、贤达名流、文学艺术、教育科技等方方面面，既有地域文化的基本要素，更彰显了北碚在抗战、乡建、教育、科技等方面在中国近代历史上的突出特色。

“北碚文化丛书”以学术研究为依托，史料基础可靠，学术名家参与，表达通俗易懂，集系统性、知识性、可读性于一体，有存史资政的收藏价值和指导旅游观光的实用价值。

“北碚文化丛书”是校地合作的有益尝试，既是对北碚地方文化的一次学术性清理，在史料整理、学术研究方面展现出全面、系统的特征，也为基层地域科学地挖掘整理在地文化积累了可资借鉴的经验。

这些年来，我着力于重庆历史文化体系的研究，组织编撰了十二卷本的“重庆人文丛书”，力图勾画出“长嘉汇”源远流长，“三峡魂”雄阔壮美，“武陵风”绚丽多彩，人文荟萃、底蕴厚重的重庆历史文化名城的文化新形象。这套十卷本的“北碚文化丛书”，是继“重庆人文丛书”之后，重庆市域内出版的第一部区县文化丛书。我相信，这部饱含着浓浓乡情，充满了城市记忆，洋溢着北碚味道的文字和画面的丛书，将使北碚的历史文化得以活在当下，让北碚的历史文脉传承延续，绵绵不绝。

同时我也希望各区县都能像北碚这样虔诚地敬畏自己的历史文化，努力地整理自己的历史文化，用煌煌的巨著来传承自己的历史文化，尤其是从市委提出的重庆文化新体系中找准自己的文化新定位，让生动鲜活、丰富多彩、千姿百态的区域文化，共同汇聚成彰显重庆文化新体系的百花园，建设具有中国气象，巴渝特色，万紫千红的山清水秀、美丽之地。

是为丛书总序。

序言

地处缙云山下、嘉陵江畔的北碚，晚清时期不过是巴县的一个普通乡场。伴随煤炭的开采、嘉陵江航运的发展，北碚逐渐繁荣起来。辛亥革命后，四川内乱频发、盗匪横行、民不聊生，北碚亦在所难免。1927年，卢作孚就任嘉陵江三峡峡防团务局局长，他在锐意进取、肃清匪患的同时，开展嘉陵江三峡地区乡村建设运动，取得了令人瞩目的成就，探索出了现代化城镇建设的“北碚模式”。因此，陶行知赞誉北碚为“建设新中国的缩影”，北碚的科技事业也正是在此背景下萌芽、发展、壮大的。

北碚因卢作孚而兴，科技事业的发展离不开卢作孚的擘划。卢作孚认为提倡和发展现代科技是提高人民生活、维护国家尊严的必由之路。在北碚建设试验中，卢作孚将传播现代科学技术作为一项重要工作，要求峡防团务局的人员“凡现代国防的、交通的、产业的、文化的种种活动当中有了新纪录，机器或化学作用了新发明，科学上有了新发现，必须立刻广播到各机关，到各市场或乡间”。在卢作孚的主持下，1928年，峡防团务局开始招收少年义勇队，少年义勇队集军事训练、文化教育与职业培训于一体，并开展各类科学普及、科学考察活动。

为了更好地提倡和发展科学，卢作孚创建了中国西部第一个科研机构——中国西部科学院。它的建立极大地促进了四川乃至西南地区科学事业的发展，先后培养了一大批科技精英。抗日战争全面爆发后，中国西部科学院因其良好的学风、充足的人才、精良的设备、合适的场地，吸引了包括中央研究院、中央地质调查所等公私学术机关迁来北碚恢复教学及科研工作。北碚和中国西部科学院为内迁的科研工作者提供了栖身之所和科研设备，极大地助力了战时中国科技事业的发展。中国西部科学院也因此被赋予了大后方科技事业的“诺亚方舟”美称。战时的复旦大学、国立江苏医学院等十余所内迁高校在北碚开展教学、科研活动，一时间，北碚科技、文化精英汇集。在抗战的艰苦岁月里，广大科学工作者克服经费短缺、设备和物资匮乏、通货膨胀、疫病、自然环境恶劣等诸多困难，因陋就简、因时制宜开展科学研究，将科学研究与抗战救国相结合，创造了一个又一个科学佳话。大量科研机构、人员的内迁也极大地促进了北碚本地科技事业的发展。1944年，北碚本地第一个水电站——高坑岩水电站建成，北碚由此进入电灯时代；同年，中国西部科学博物馆开馆，该馆为中国第一个综合性的自然科学博物馆，吸引了国内外大批人士参观学习，为民智的开启、科学的普及助力添彩。

抗日战争结束后，伴随大量科研机关、高校的回迁，北碚经历了复员所带来的发展困境。中华人民共和国成立后，北碚又迎来了发展的新时代。

1950年，西南军政委员会文教部鉴于新中国成立后西南高校“课程紊乱、设备简陋、人事复杂、宗派林立”的情况，决定对不具备办学条件、经费拮据的私立学校进行停办撤销；对专业设置重复、规模过小，不适应新中国经济建设的学院进行改造与重新组合。在此背景下，西南师范学院、西南农学院应运而生，两校的诞生不仅有效扭转了北碚高等教育日趋衰落的不利局面，而且还因其较强的综合实力成为北碚科技发展的孵化器。中国科学院院士、著名土壤学专家侯光炯，中国著名园艺学家、柑橘学专家曾勉，中国工程院院士、国际著名蚕学专家向仲怀等先后在西南农学院任教，他们助推了北碚科技事业的发展。进入新千年后，两校强强联合，合二为一，进一步助力了北碚的科技发展。

20世纪60年代初期，为了应对日益复杂的国际局势以及可能发生的大规模军事冲突，中共中央做出了备战备荒、建设“三线”的重大战略决策。重庆由于自身较强的工业实力和优越的地理位置，成为全国三线建设的重点地区，而北碚也因为独特的区位条件和历史因素，在重庆地区的三线建设布局中占有一席之地。在三线建设期间，上海、无锡、洛阳等地的企业先后迁建北碚，其中尤以仪表工业最为突出。自1965年起，北碚先后建成四川仪表总厂、重庆仪表材料研究所、重庆工业自动化仪表研究所、重庆光学仪器厂等仪表生产及研究机构，形成了较为完善的仪表研发、生产体系。改革开放后，北碚仪表产业更是迈入了新阶段，截至20世纪90年代，北碚已拥有水文仪器、安全仪器、光学仪器等12大类的仪器厂，成为全国第二大仪器仪表生产基地。

进入新时代，北碚科技更是呈现出日新月异的发展态势。2020年9月，为响应成渝地区双城经济圈建设，中国西部（重庆）科学城建设拉开帷幕。北碚作为四大创新产业片区之一，正以“功成不必在我、功成必定有我”的精神，以“时不我待、只争朝夕”的责任感和使命感，为全力推进中国西部（重庆）科学城建设做出贡献。北碚的科技发展必然越来越好！

目录

CONTENTS

冯时行与古代中医

中医是一门古老的自然医学，是华夏优秀传统文化中的一块瑰宝。在科技不甚发达的前近代社会，它显得格外璀璨夺目。尽管今天的人们对中医是否属于科学有些争论，但无碍它在中国人心中的地位。毛泽东主席曾说："我相信，一个中药，一个中国菜，这将是中国对世界的两大贡献。"[1]

中医文化源远流长，在3000多年前的殷商时代即已发端。在漫长的发展过程中，中医形成了十分独特的传承方式。古代社会没有今天的分科教育，医学人才无法通过学校系统批量产出，其传承主要靠师徒之间的口耳相授，特别是学医者个人的刻苦钻研。数以千计的中草药，数以万计的药方，纷繁复杂的理论体系，对学医者都是很大的挑战。因此，但凡名医，往往都是学问淹通的大学者。唐代医学家孙思邈从小即有"圣童"之誉，记忆力惊人，成人后更是精通老子、庄子学说，知识十分广博。明末清初名医傅青主，"学无所不通"，于经史、书画皆有造诣，被尊称为"清初六大师"之一。

北碚山川秀丽，人杰地灵。在它的历史上，同样出现过这样一位长于医学的大学问家。他就是有"巴渝第一状元"之称的冯时行。

① 陈也辰、王钦双：《毛泽东的1949》，东方出版社，2007，第35页。

冯时行(1100—1163),字当可,号缙云。关于他的籍贯众说纷纭,或谓璧山人,或谓巴县人,或谓洛碛(今属渝北区)人。而就其生平经历,少时寄居于缙云寺,中年罢官后又回缙云山传道讲学,前后近30年之久,北碚可谓是冯时行的心灵之乡与学问建树之地。说他是“半个北碚人”毫不为过。

冯时行身后以诗文见称,其《缙云文集》被收入《四库全书》。《四库全书》中评价其诗“忠义之气隐然可见”。事实上,除诗文之外,他在医学上也颇有所长,其诗歌中隐隐可见其在医学上的活动及探究医学的热情。何以这位文学中人会与医学结缘?这就不得不从动荡的时局说起。

冯时行生活的时代,正是南宋政权风雨飘摇之际,统治者靠对金国割地称臣苟延残喘。冯时行忧国忧民,反对议和,政见忤于宋高宗和宰相秦桧,入仕便因“不附会时局”而被“抑授眉州之丹稜令”。[①]随后,近似的遭遇又反复发生在他身上。终其一生,冯时行约半数时间都被废弃不用,谪居缙云山。

自两汉以来,士人便有“进则救世,退则救民,不能为良相,亦当为良医”之说,若不能在仕途上安邦济世,就在民间救死扶伤。曾写下千古名句“先天下之忧而忧,后天下之乐而乐”的北宋名士范仲淹,就选择了这样一条人生道路。仕途受挫的冯时行,同样有着当一名“良医”的追求。其诗歌《和鲜于晋伯游卧龙》中写道:

① 胡汉生、唐唯目:《冯时行考》,《史学月刊》1984年第5期,第42页。

四十发已白，百谋无一成。林泉有夙志，芝术寄晚程。[①]

这里的“芝术”，即灵芝、白术之合称，皆可治病延寿，实为“医术”之代称。[②]从诗中来看，诗人打算以医术作为后半生之寄托，聊以弥补年过四十仍一无所成之遗憾。在另一首诗中，冯时行又写道：

颇闻葛稚川，芝术幻衰朽。至今杖屦地，历历传白叟。欲往从之游，静守一气母。③

诗句说的是，他打算效法晋代的炼丹术家葛洪，在医术上能有一番作为。从这些诗句中，我们都能看到冯时行的“良医”之梦。

古代中医，有非常复杂的理论体系，《十三经》中的《易经》是其理论源头之一。故古时有“学医先学易”之说。所以，在冯时行的“良医”之路上，“学易”占据他一生研学的重要篇章，也是他除诗文之外最重要之建树。其所著《易解》（又名《缙云易解》）6卷、《易论》3卷是易学研究的重要典籍。[④]大思想家朱熹也曾盛赞书中之见解。遗憾的是，两书由于年久散佚，大部分没有流传下来。冯时行“由易而医”的完整理论及其医学建树，已难以知其大概，今天只能从其

① 胡嗣坤、罗琴：《冯时行及其〈缙云文集〉研究》，巴蜀书社，2002，第21页。
② 胡嗣坤、罗琴：《冯时行及其〈缙云文集〉研究》，巴蜀书社，2002，第12页。
③ 胡嗣坤、罗琴：《冯时行及其〈缙云文集〉研究》，巴蜀书社，2002，第11页。
④ 邓启云：《宋代重庆璧山上舍状元冯时行评传》，云南人民出版社，2022，第568页。

诗文集中窥见一鳞半爪。

好在"礼失求诸野"。文献之外，民间口头相传的言说，亦能反映冯时行的医学成就。在冯时行坎坷的官宦生涯中，曾短暂做过奉节、万州等地的地方官。今天这些地区还广泛流传着他如何创制药方、救死扶伤的传说。云阳某大型制药厂的若干中药，据称即照冯时行之药方炮制而成。该厂还曾在厂区门口竖立冯时行之石像，供人瞻仰。[①]

千古悠悠，冯时行作为"良医"之成就虽未能以文字流传，但其"良医"背后救国济民之热忱是中国读书人永恒的追求，也是近代科技进步的强大动力。

① 此节经笔者向该厂周姓负责人电话询问。

嘉陵江畔的科学梦

1927年2月，峡防团务局（以下简称峡防局）迎来了一位新局长。

所谓峡防，是指嘉陵江边由合川至重庆间的嘉陵江小三峡地带，跨当时的江北、巴县、璧山、合川四县境界，辖39个乡镇，面积约110平方千米。这时四川的防区制尚未打破，重庆、江北、璧山是二十一军刘湘的防区，童家溪、蔡家场、北碚、澄江镇，是二十一军王方舟的势力范围；与之相对，合川是邓锡侯的地盘，盐井溪、草街子、二岩、黄桷镇和水土沱是其属下陈书农的防区。两军名为互不侵犯，实则时有冲突，互不相让，都想独占峡区。嘉陵江小三峡在两军防区的中间，地形复杂，土匪出没，秩序混乱，居民和行旅都极感痛苦。人们为免于两军相争引起的兵灾，故由当地士绅耿步诚、王序九等人辗转向陈书农、王方舟建议让地方上有信用的第三者出任北碚峡防局局长。经当地人士的斟酌恳求，刘湘和邓锡侯同意成立峡防局，局址设于北碚。当地商民找来了一位原籍合川的轮船商人担任局长一职，这位商人叫作卢作孚。

爱国实业家卢作孚先生

本来，峡防局局长只要训练军队，打击土匪，保护当地商旅及民众的安全，便算完成任务。但这位曾经担任成都通俗教育馆馆长的新任局长却有更大的理想。他究竟有什么理想呢？

他的理想和当时的多数中国人的理想一样，就是拯救积弱积贫的中国。1919年，轰轰烈烈的五四新文化运动在中国大地上爆发，民主与科学的理想传遍全国，成为许多新式知识分子终其一生奋斗的目标，卢作孚即其中一人。他曾加入由李大钊所倡办的少年中国学社，并与当时著名进步知识分子王光祈、恽代英等人结下了深厚的友谊，同时也深深认识到当时中国社会的诸多病症。与五四一代知识分子希望能够在中国进行思想启蒙一样，卢作孚认为，当时中国一切病症的根源在于民众的愚昧。正是这样的愚昧，使得一切改革都不可能得到成功。于是他开始在四川南部地区实施民众教育运动。之后，更应军阀杨森之邀，到成都担任通俗教育馆的馆长。

在这些地方，他累积了不少实务经验，并且提炼出了自己的民众教育理论。在这一段经历当中，对他刺激最深的是：他之所以会从成都通俗教育馆馆长的位置下来，是因为他的后台靠山杨森垮台了。通过此次事件，他发现当前中国最大的问题，就是凡事以人为中心，而不是以事为中心。因此往往有“人走茶凉”“人亡政息”的现象发生。如果要真正干一番事业，就不能再以军阀作为自己的靠山，否则随着军阀混战，一切的努力将会付诸东流。他认为必须要靠自己的实力，在自己的地方，开展自己的事业，才能得到长久的成功。他创办了民生实业公司，亲自到全国各地购买船只，并且亲自参与公司的一切事务，为的就是创建属于自己的一番事业。但是，单是自己的事业还是不够的，更重要的是要让所有人都能参与进来，成为大家的事业，才不会有人亡政息的后果。正如卢作孚所说，必须要创造"公共理想"：

> 公共理想是公共生活中间的人们全体都应该有的理想。一种公共生活中间的人们，亦或许没有公共理想——解决公共问题的具体计划，如像今天四川一样。然而人不能无理想，不过都是些个人理想；社会亦不能无问题，不过都是些无法解决的问题——而且满目都是无法解决的问题，亦正如今天四川一样。要替代个人理想，只有创造公共理想；要解决公共问题，亦只能创造公共理想。[①]

但要找到一个地方让他施展自己的抱负，又谈何容易呢。于是卢作孚只能先埋头经营民生实业公司。渐渐地，由于他事业成功，声名远播，家乡的父老乡亲想到了他，让他回到家乡担任峡防局局长。一向以社会公众福祉为己任的卢作孚，义不容辞地接下了这个差事。1927年2月，卢作孚到了北碚。此时，原本匪患丛生的北碚，因为前任局长胡南先的努力，剿匪已有一定成绩。但胡南先剿匪，只是消极治标，没有长治久安的措施。他只顾着剿灭土匪，除了治安工

① 凌耀伦、雄甫编《卢作孚集》，华中师范大学出版社，2011，第40页。

作外，其他的一概不负责任。没有人会自愿去当土匪，这些人之所以会成为土匪，都是被生活所逼，所以，剿匪的治本之法在于改善本地人的生活，也就是发展经济。在已经进入工业时代的20世纪，科学技术已成为一切经济活动的根本，所以引进科学技术、开发本地富源，引导人们过上健康的生活，是剿匪的治本之法。

> 这里有丰富的矿产，可以由土法开采转化为机器开采；可以修建铁路运煤；可以建设炼焦厂，生产焦炭、瓦斯和各种副产品。这里有丰富的石灰石，可以建立水泥厂；这里盛产竹子，可以建设造纸厂。为了满足许多矿山、工业、交通事业的需要，可以建设电厂，从而形成一个生产的区域。同时，以培育职业技能、灌输新知识、提高对新的集团生活的兴趣为中心，做民众教育的试验；以教授生产方法和创造新的社会环境为中心，做新的学校教育的试验；以调查生物和调查地质为中心，做科学应用的研究；并设立博物馆、图书馆、动物园，以供人们参观和游览。在那山间水间有这许多文化事业，就能形成一个文化的区域。此外，凡有市场必有公园，凡有山水雄胜的地方必有公园，凡有茂林修竹的地方必有公园，凡有温泉或飞瀑的地方必有公园。在那山间水间有这许多自然的美，再加以人为的布置，可以形成一个游览的区域……[1]

① 卢国纪：《我的父亲卢作孚》，四川人民出版社，2003，第76–77页。

在上任之前，卢作孚不止一次地梦想着他建设的蓝图能成为现实：这是个多么美好的地方啊！只要能够引进科学技术开发本地的物产，就能把北碚建立成模范城市：

> 一般思想封建的农民，受着这现代化的实力和实际环境的熏陶染浸，真可以沉溺他们，融化他们，影响他们，改造他们……这机会的教育和环境的教育非常具体，而且民众获得的实效也非常之大。[①]

然后，全国其他地区也将次第仿效。这样一来，全国就没有人会沦落为盗匪，中国也将会变成一个人人都能安居乐业的人间乐土，一个四万万同胞都能具有现代化精神的先进国度……

但是，现实的情况很快就让卢作孚从梦中惊醒。那个时候的北碚远不是现在我们所见到的这个风光明媚、秩序井然的北碚。据卢作孚的儿子卢国纪回忆，当时的北碚是这样的：

> 当时作为建设中心的北碚乡，是和四川所有其他乡村一样落后的村庄。这里风景优美，处在嘉陵江三峡的中心。嘉陵江从它的旁边滔滔流过，天天如此，月月如此，年复一年。而北碚始终保持着它那原始的样子：狭窄的石板街道两旁，低矮而阴暗的房屋挤成一团，屋檐直伸到街心，把阳光遮得严严实实，不见天日。在这狭窄的街道中，还有一条阳沟，塞着垃圾和腐水，每边只容两人侧

① 高代华、高燕编《高孟先文选》，西南师范大学出版社，2016，第93页。

身而过。当时有名的一条街叫"九口缸",即有九口大尿缸摆在街旁,行人皆得掩鼻而过……整个市镇里,没有工厂、作坊,只有一些饮食店、茶馆、酒馆、卖杂糖和芝麻杆的糖果铺;而庙宇、烟馆和赌场却比比皆是。人们年年月月生活在这里,习惯于以家庭、亲戚、朋友、邻里为中心的封建宗法社会生活。要使这样一个落后的乡村现代化起来,的确是困难重重的。"[①]

严酷的现实很快就令卢作孚清醒过来。他知道,一切关于建设的梦想,不可能一下就实现。在这么一个充满困难的地方想要推行自己的梦想,必须要有自己的班底和实力,这样才能将自己的想法推广出去。只有当大众接受了卢作孚的建议并且愿意为他改变现状的时候,一切后续建设才有可能继续。那么,要怎么做呢?必须要有人,需要一群立志改革和献身建设事业的人。为了解决乡村建设所需的人才问题,卢作孚首先根据事业发展的需要,向外寻求各种人才,无论是公园布置、警察训练、民众教育、学校教育、金融事业、工厂管理、科学研究……都希望能够邀请优秀人才来北碚一起干事业。虽然北碚的事业才刚刚起步,经费没有来源,寻求人才非常困难,但仍有不少支持他的学者、专家和社会中富有成就的人才,其中还包括国外的一些人才,应他的聘请,先后来到这里工作。如法国人傅德利来担任昆虫研究员,丹麦人守尔慈来担任北川铁路总工程师,曾留学国外的唐瑞五来担任北川铁路副总工程师等。

① 卢国纪:《我的父亲卢作孚》,四川人民出版社,2003,第77页。

但是，单靠外面来的人才是不够的，更重要的是要培养本地的人才，远近驰名的兼善中学即当时卢作孚为培养人才而创办的。然而，学校教育固是长久之计，但在此急于用人之秋，势必得先找到一批可造之才，进行短期训练，作为未来一切工作的种子，否则一切建设计划都只能是纸上谈兵。于是，从1927年起，卢作孚利用峡防局局长的职务之便，以组织民兵的形式，依陆军连排制，编成三个中队的民兵，以及手枪队、民团模范队、特务队等武装力量。在这批民兵中，最引人注目的是卢作孚亲自公开招募来的500余名16至25岁的文化青年，他们被编成学生一队、二队，警察学生队以及少年义勇队。他们受过一定的教育，对于新知识的认可和接受较快，因此能够配合卢作孚的工作，成为卢作孚推行其理想的主要执行力量。

随着骨干力量的编成，嘉陵江上响起了这样的歌声：

> 争先复争先，争上山之巅。上有金壁之云天，下有锦绣之田园，中有五千余年神明华胄之少年。嗟我少年不发愤，何以慰此美丽之山川？嗟我少年不发愤，何以慰此锦绣之田园？嗟我少年不发愤，何以慰我创业之先贤？[①]

在嘹亮的战歌的鼓舞下，卢作孚科学救国的梦想即将起航。

① 卢国纪：《我的父亲卢作孚》，四川人民出版社，2003，第79页。

少年义勇队的科学考察

毛泽东曾对青年说:“世界是你们的,也是我们的,但归根结底是你们的。你们青年人朝气蓬勃,正在兴旺时期,好像早晨八九点钟的太阳。希望寄托在你们身上。”是的,中国的希望,正在少年身上!卢作孚也是这么认为的。接任峡防局局长之时,卢作孚34岁,以今天的标准来看仍然年轻,但在那个人均寿命不足50岁的年代,卢作孚已经算得上是个“中年人”了。他知道,凭着他们这一辈人能做的事情有限,所以更重要的是培养下一代,就像愚公移山一样,一代接着一代,把事业做下去。也正是因为这样的想法,所以在其招募来协助工作的青年中,卢作孚最关心的是年纪最小的“少年义勇队”及其所属的“学生队”。

1928年,北碚峡防局开始招收少年义勇队学员,学制两年,要学习军事、政治、文化、教育、服务技能、社会实践、运动技能等,服装、设备及食宿费用由公家承担,训练期间还有零花钱,毕业后会安排其在峡防局辖下的机关、警察、经济、文化等部门实习、就业。在那个连年军阀混战,实业不兴,许多上过学的青年要么沦为“高等游民”,要么成为所谓的“边缘知识分子,因此,这么好的机会吸引了许多有能力、有理想的青年前来报名。

但是这些青年有时候会自视甚高，有些虽然个人能力很强，却不懂得团队合作，甚至还有“千里求官为发财”的观念。所以在他们入伍之后，卢作孚必须要对他们进行精神训练，使他们能够为国家，为社会，为群体的利益甘愿付出，而不是只追求个人的利益。为此，卢作孚写了一篇名为《什么叫做自私自利》的文章来说明这个道理。在工作作风的教育上，卢作孚则强调以科学的方法办事和处理问题，特别重视如何分工合作，如何计划、调查、整理，如何认真负责，如何克服困难等问题，提倡“比进步，比成绩，比贡献，比创造，反对浪费，崇尚节约”。为此，卢作孚特地写了《怎么样做事——为社会做事》和《如何为社会服务》两篇文章，作为教育青年的材料。在生活作风的教育方面，卢作孚要求他们艰苦朴素，吃苦耐劳，倡行生活集体化、时代化，一律着布料短服，婚、丧、寿不请客，不送礼，不染烟、酒、嫖、赌。在学习方法上，反对空谈，着重实践，目的在于提高他们的工作热情和现代知识技能，坚定为社会服务的志向。

在精神上特别强调为社会服务的同时，卢作孚指派他的弟弟卢子英担任学生队和少年义勇队的队长。卢子英毕业于黄埔军校，革命热情极高。他把黄埔军校的理念及训练方法用于培训工作中，把理想和道德教育放在第一位，因此除了体能训练以外，他还用了大量的精力，对学生进行纪律意识的培养和行为规范的训练，把爱国强国的种子一点一点地植入学生的心中。根据其中一名前来报名的青年高孟先回忆：

训练基地设在北碚公共体育场一端的一进三大间的草屋——新营房，门首左右墙上写了一丈见方的十个大字："忠实地做事，诚恳地对人。"凡学生队在入队的前三个月，都要受军事训练，主要在锻炼成健康的身体，早上除运动外，冬季还要到江岸进行冷水浴，卢曾亲自带头。各队有队歌或誓词，如学生一队的入伍誓词是：锻炼此身，遵守队的严格纪律，牺牲此身，效忠于民众，为民众除痛苦、造幸福。卢对我们的训练，不只为了事业发展的需要，不只是为了解决青年的就业和出路，而主要是为国家培训大批有理想、有技能，而又愿意为社会服务的人。①

这一支新型的武装，不仅能够通过剿匪来维持社会秩序，还因为武装成员有文化，可以从事北碚的基本建设工作，包括民众的教育工作和卫生健康工作，比如开办船夫学校、力人学校，以及在春秋两季为各乡镇的群众，甚至被外县邀请去为群众种牛痘、宣传卫生知识……卢作孚在北碚的许多建设都是靠这支队伍展开的。少年义勇队就像一所学校，一批青年在此接受训练并在北碚工作，以后调离北碚到别处工作后，少年义勇队就再招收一批。这里抄录一段卢作孚向全社会公布的工作报告，从中可以看到少年义勇队受到了什么样的全面训练：

1. 训练经过　民十七年秋季成立，训练分三个时期：

I. 军事训练

II. 政治训练

① 高燕编《高孟先文选》，西南师范大学出版社，2016，第119页。

III.旅行生活　志其历年旅行区域如下：

A.十八年　峨眉山、峨边、越嶲及大小凉山。

B.十九年　一组赴西康，一组到青海，甘肃绕道北平回蜀，一组参加合组考察团，赴华南华北考察。

C.二十年　一组赴云南，一组赴安徽九华山，一组赴松理懋汶。

2.服务情况　训练期满即分配在下例各事业服务。

I.江巴壁合特组峡防团务局

II.中国西部科学院

III.北川铁路公司

IV.民生实业公司[①]

从这份报告中，我们可以发现一件更为可贵的事：虽然这些人“毕业”后的去向多数都是成为机关中的职员，但卢作孚并不只是把他们当作公务体系的一颗螺丝钉来培养。卢作孚为他们安排了许多知识性的课程，订阅最新的报刊让他们阅览，找人对他们宣讲科学知识，这些举措大大拓宽了他们的眼界。尤为特别的是，卢作孚是杜威实验主义的忠实信奉者，他强调从实践中去学习，强调学用结合。正如他所说的：“可靠的功夫须从实地练习乃能得着。骑马须在马上学，学泅水须在水上学”，“我们应从野外去获得自然的知识，到社会上去获得社会的知识”。[②]于是在少年义勇队的培训过程中，他强调理论与实际结合，为了调查峡区煤矿，

① 峡防局编《峡区事业纪要》，新民印书馆，1935，第44–45页。

② 凌耀伦、雄甫编《卢作孚集》，华中师范大学出版社，2011，第180页。

就把学生带到煤场并深入炭洞实地观察；为了筹办水泥厂，就带领学生去观音峡一带参观石灰窑，并把它作为讲地质学的课堂；要修铁路、公路，就派学生参加勘探测量工作；要安设乡村电话，就把学生带到工地，一边讲关于电的技术知识，一边安排学生参加安设工作。此外，卢作孚亦派学生随专家学者到野外考察、采集标本，派学生到外省科学研究机关学习标本的制作和化验。

在少年义勇队整个培训期间，学生边学边干，直接投入辖区的乡村建设中。抢险救灾、普查户口、灭鼠疫、清扫垃圾、破除迷信，甚至在修建城区街道、码头、公园及普种牛痘等场合，都能看到他们的身影。除了这些事务性的工作之外，最值得一提的是，从1929年夏，卢子英率少年义勇队队员30余人，跟随中国科学社来川考察的方文培等一批动物专家一同去峨眉山、雷马屏大小凉山采集标本，同时又到少数民族地区进行社会调查。在这期间，少年义勇队队员风餐露宿，多次遭遇猛兽及泥石流，历尽千辛万苦，获得了共10万余件动物标本和一些民族文物等资料，收获很大。这些标本和资料也成了后来中国西部科学院博物馆的第一批馆藏。后来，又有部分少年义勇队队员随中外专家到川边、新疆、甘肃、青海一带考察，也带回了不少标本和资料，其中部分标本还被用于与国内外学术团体进行交换，以丰富地方博物馆资源。

这些外出考察的条件都非常艰苦，卢作孚借此锻炼了学生的品质。其过程正如当时报纸所报道的：

（1929年1月）十二日晚半夜时分，卢局长同全体职员和中队官兵，步行至歇马场开周会，黑夜伸手不见五指，从局出发，不用灯火，一个挨一个地摸黑走。一行几百人，毫无声响，走了十五里，至状元碑天才麻麻亮。又走了十五里到歇马场，恰六点钟。稍事休息，便集合于场口庙坝开会。首先由卢局长演说："我们为什么要这样夜半更深地走呢？大家要晓得有几点意义，就是军人应该实行夜行军，还要练习我们的脚力，再出来与各场的人员接触，看他们是怎样的办团。并且在这机会中，各长官就同他们亲切地商量团务办法。至于我们摸夜路的能力，也是应该时常练习的。如像去年九月三十日，我同学生第一队夜游缙云山，清查炭窑子，一晚走到天亮，没有一个没跌跤子的，跌得多的有十几次。事后大家想起来，并不觉得苦，而且感到很快乐。在去年冬月初一，同学生第一队出去种牛痘，回转时在半路上天就黑了，没有住宿的地方，大家都愿赶回来宿，也就摸夜路很快乐的就回来了。学生第一队去年冬月底，演习到茨竹沟，几天晚上夜行军，尤其是回来那天，抬饭的走脱了，饿起肚子走了三个多小时，到温塘才吃饭。那一顿饭是多么的好吃啊，吃起来是多么的香啊！假使没有这种锻炼，又怎么有这种快乐呢？"会后早餐，休息一会后，绕道缙云山，由羊肠小路攀山前进。在树中、在竹林中迂回曲折，傍山行走数十里，正午到达长月岭。越岭而上又过金马门，翻山到缙云寺休息，半夜返回北碚。[1]

---

① 《周会游山》，《嘉陵江报》1929年1月16日。

通过这样的训练,少年义勇队培养了不少优秀的人才。少年义勇队分别在1928年、1934年和1937年招生,培养出来的人才中,最有名的当属罗正远。罗正远在1927年加入少年义勇队,1933年由卢作孚资助到南京的中央大学地质系就读,1937年毕业后回到北碚的中国西部科学院担任研究员。1949年之后,他持续在地质探勘以及矿产调查的工作上奉献自己的所学,并在1956年被评为全国及煤炭部先进生产者。其他的成员虽然没有继续走上科学研究之路,但他们毕业后有一部分人留在峡防局工作,其他人则被分配到辖区的各部门或事业单位中任职,成为各单位的骨干力量和领军人物。

破除迷信兴办博物馆

1930年6月21日到7月25日，卢作孚率领由民生公司、北碚峡防局和北碚铁路公司有关人员所组成的考察团，经由上海、青岛到大连、哈尔滨等地进行考察。当时的大连已经是日本的殖民地，日本人管它叫“关东州”，在当地经营了许多事业。正是这些事业让卢作孚感到相当震撼。在返回北碚之后不久，卢作孚就把他这一个月的考察经历写成《东北游记》正式出版，通过此书我们可以知道他是怎么想的。简单地说，卢作孚感到震撼的原因有三。

第一，中国人对于自己所经管的一切毫无所悉。长期与政府机关打交道的卢作孚，肯定见到许多踢皮球、一问三不知的官僚主义作风。但是当他与关东州的日本官僚接触的时候，这些日本官僚对于所经管的业务非常熟悉，这令卢作孚不得不感慨：

> 中国机关的职员，只知道自己的职务，或连职务亦不知道，绝不知道事业上当前的问题及问题中各种的情况；而这一位日本人能够把码头上的一切事项，详举无遗，是何等留心问题留心事实！中国人何以一切都不留心？

第二，日本人对于东三省地区的调查巨细靡遗。卢作孚参观了日本人所开设的“满蒙资源馆”，其中馆藏之丰富和系统，令他大为惊叹。与之相比，当时的中国人对于自己到底有哪些资源，分布在哪些地方都一知半解，许多探测工作都未能展开。中国的丰富资源不能为自己所用，而被那些帝国主义国家拿去利用了。因此，卢作孚在此提醒国人：

由埠头雇汽车到满蒙资源馆，更使我们动魄惊心。凡满蒙所产之动植矿物，通通被他们搜集起来陈列起了；凡满蒙各种出产之数量，通通被他们调查清楚，列表统计，画图说明，陈列起了；凡满蒙之交通、矿产区域、形势，都被他们测勘清楚，做成模型，陈列起了……东三省的宝藏，竟已被日本人尽数搜括到这几间屋子里，视为他之所有了。饶日本人都知道，都起经营之意，中国人怎样办？[①]

第三，日本人开设的博物馆是向社会开放的。卢作孚参观了大连的工业博物馆，馆中对于各项器械的介绍非常详细，“必须使人看清楚机器之转动和使用的，更用电力发动”。在这里，轮船、火车、电车、汽车、飞机、电报、电话都有，很完备。只有这样的博物馆才能够真正成为社会教育的一环，使得所有的人都能通过参观学到新的知识。与之相比，当卢作孚结束了在大连的考察，继续前往哈尔滨参观的时候，他参观了一座由俄国人所成立的但现在已为中国人接手的博物馆。他在这所博物馆受了不少的气，以至于他在游记里花费了大量的篇幅，一字一句、夹叙夹议地记录了他所遇到的种种情况：

① 凌耀伦、雄甫编《卢作孚集》，华中师范大学出版社，2011，第75页。

转到博物馆，进馆问职员：“可容许参观否？”他说：“如有公文，而且经特区教育厅核准才可参观。”我们很诧异，为什么参观一个博物馆都要有公文，而且要郑重地经教育厅核准。遂为之说明：“我们到了哈尔滨才知道这里有一个博物馆，所以没有准备公文，我们远从万里以外的四川来参观，请你特别通融罢。”他说：“也只好请你们到教育厅去交涉，请得教育厅特许参观的命令来。”我们说：“为参观一个博物馆，何必费这样大的周转！”他说：“如果不然，每一个人便要花三角钱，买一张票，才能进去参观。”转了这样大一个圈子，才说出了他的本题，才叫我们明白了他是要钱。于是我便问他：“博物馆本是经营起来供人观览的，为什么要取这样多的费以限制人观览呢？”他说：“我们只知道服从命令，不明白这许多道理。”当然我们既要参观亦只好服从命令，拿钱买票了。他却又只收钱，不给票，岂不奇怪？

馆中搜集很富，略可与大连、旅顺的陈列馆比；唯陈列秩序不如。关于矿业、工业、农业、牧畜，各地风俗之照片特多，陈列亦各有方式，折叠壁间，不占地位。尤以表明风俗，塑人而着衣装，作种种姿势，最饶风味。可惜许多标本，许多统计图表之说明都是俄文，中国人接收过来，好几年了，并没变更，只利用来收费。出馆时以译说明为汉文建议于馆中职员，他答复我们，正在进行。进行？恐怕还是问题！[1]

① 凌耀伦、雄甫编《卢作孚集》，华中师范大学出版社，2011，第87-88页。

短短500多个字，就把当时中国底层公务员的官僚主义作风、中饱私囊的丑态，以及部门领导因循苟且、不思进取的心态，描绘得淋漓尽致。在这种情况下，就算博物馆中有再优秀的藏品、再丰富的知识，有心学习的普通人也将不得其门而入，那就更别说那些更需要接受教育的一般老百姓了。在那个日本帝国主义企图占领中国领土的野心已经图穷匕见的年代，当日本人对于中国有多少"家底"已经摸得一清二楚的时候，中国的官僚却依然过着昏天地暗的日子，中国的老百姓在这些黑暗的官僚的统治下也继续愚昧着，这是多么令人忧心的情况啊！受到这些刺激的卢作孚，回到北碚的第一件事情，就是开始筹备博物馆。

这时候，建设的另外一个问题——钱的问题便凸显出来了。创办文化事业和社会公益事业都需要钱。如果没有钱，这些新办的文化事业和社会公益事业放在哪里？峡防局是一个穷机关，拿不出钱来盖房子，又绝对不能给北碚的民众增加经济上的负担。怎么办？卢作孚毫不犹豫地从其负责经营的民生公司、北川铁路公司、三峡染织厂等企业中先后抽出15余万元作为建设基金，同时也举办学术研讨会，欢迎专家、学者、社会上有影响的人士到北碚游览、讲演、参观、旅居，并且亲自到省教育厅、中华文化基金会、实业部等单位进行说服工作，最终募到了10余万元的捐款，终于凑足了兴办博物馆的启动资金。

但是在草创初期，能省则省，这笔钱要在北碚区大众容易到达的地方购买土地、兴建博物馆，那是绝对不够的。而如果到距离城镇较远、地价较为便宜的地方购置土地，大家恐怕也就不会注意到有博物馆成立，不去那里参观也就失去了设立博物馆的意义。那该怎么办呢？卢作孚对此非常苦恼：如果有更多的捐款就好了，但为什么当地人不愿意把钱捐出来呢？他仔细观察后发现，当地人不愿意捐钱，除了因为他们不了解博物馆的意义之外，另一个更主要的原因是他们把钱都花到不该花的地方去了。当地人的钱主要花在两个地方：第一是赌博，赌博愈多愈大便愈有希望。第二便是庙子、唱戏、酬客，一年大闹一两个月，是他们的面子。你要在场上去办一桩什么建设事业，绝对找不出一文钱来。[1]当地人会赌博是因为他们没别的休闲娱乐活动，所以等城镇建设好之后，再辅以警力取缔，赌博活动必然会消失。比较棘手的是千年下来所积累的宗教迷信。卢作孚想着，必须得想个办法遏止本地的迷信活动。

其实，早在卢作孚到达北碚之初，他就注意到了宗教迷信问题，他所组织的队伍也多次四处发传单、办讲演，劝导大家求神拜佛是没用的，只有靠自己勤劳的双手，才能创造出幸福的生活。1928年，他在改造北碚市街时，拆除了街上的土地祠，打掉了“无常碑”，将文昌宫的塑像封存，将宫庙改为峡防局的办公楼。对于其他庙宇，他也采取类似的做法，淡化其宗教色彩，将其改造成有使用价值的建筑。后来，卢作孚看上了火焰山上东岳庙的地盘。东岳庙塑有十王殿，庙门前站起“鸡脚神”和“无常二爷”，是北碚当地的信仰

① 凌耀伦、雄甫编《卢作孚集》，华中师范大学出版社，2011，第53页。

中心。只要能拔掉这个宗教中心，把难啃的硬骨头先啃了，那么以后再消除其他的迷信，自然也就易如反掌了。于是，卢作孚密令卢子英，率领学生队、少年义勇队和峡防局的士兵，连夜将庙中的神像“处理”掉了。

第二天一早，虔诚的信众发现神像不见了，不由得大为惶恐。这样一传十，十传百，很快，整个北碚的人都知道，卢作孚把东岳庙的神像给“处理”掉了。唯恐神灵降祸的迷信以及信仰中心被破坏的愤怒，使整个北碚像炸了锅一样，居民们愤怒地到峡防局责问卢作孚：“峡防局的人是天上放下来的，竟敢打菩萨！”“惹恼老天爷，你卢局长不得好死！”各种骂声此起彼落。但卢作孚不以为意，跟大家说：“老乡，庙里的神只不过是泥塑木雕，没什么好怕的。要是真的有事，我卢某一个人承担，绝对不会累及各位乡亲。”群众这才散去。日子一天一天地过，卢作孚本人没出什么事，北碚也没发生什么不好的事，民众才渐渐接受了卢作孚的做法，并且认清了这些“神明”其实并没有威力。后来，卢作孚又拆了关帝庙、天上宫、禹王宫，把它们变成了织布厂、地方医院和图书馆，本地也没有祸事发生，于是千百年的迷信就这样被破除了。

在土地问题解决之后，卢作孚继续筹建博物馆的工作。这时候卢作孚找到了他的老长官，在成都担任通俗教育馆馆长的杨森。此时的杨森驻扎在广元一带，他向外国购买了一批军火，却在重庆口岸被刘湘给拦截了。对于这种行为，杨森准备以武力报复，本地的士绅非常紧张，于是请政商关系良好的卢作孚担任调解人。卢作孚也不辱使命,成功调解了刘湘与杨森之间的矛盾。为了答谢卢作孚的调解,杨森大笔一挥,把原本要给刘湘的赔款捐给了北碚,让卢作孚兴建博物馆主楼。因为杨森的字是“子惠”,卢作孚为了感谢杨森的慷慨,所以就把这栋楼命名为“惠宇楼”。

1930年,卢作孚兴办的博物馆成立了。这座博物馆,最初称作“峡区博物馆”,之后并入中国西部科学院,改称“西部科学院附设公共博物馆”。它的成立,吸引了各界的来宾,来到此处观赏由少年义勇队所采集回来的标本、文物,以及从全国各地交换回来的藏品。根据出版于1936年的《中国博物馆一览》一书记载,当时的西部科学院附设公共博物馆每月经费50元,共藏有下列藏品:

各地风俗物品536件
工业陈列品　125件
卫生陈列品　57件
照片陈列品　581张
货币陈列品　138件
自流井井灶模型及煤层陈列品
其他陈列品　269件[①]

《中国博物馆一览》中记载了全国62家博物馆的情况。虽然相比之下,西部科学院附设公共博物馆的规模相对而言是很小的,但如果考虑到我国西南地区在当时只有4家博物

① 中国博物馆协会:《中国博物馆一览》,中国博物馆协会,1936,第96页。“自流井井灶模型及煤层陈列品”项下原书未记载数额。

馆，而且除了成都的私立华西协合大学古物博物馆外，重庆民众博物馆、合川县科学馆博物部其实都是西部科学院附设公共博物馆的分支机构，那么，西部科学院附设公共博物馆在当时西南地区科学发展过程中的地位，也就不言而喻了。从此，任何人来到北碚，都可以来西部科学院附设公共博物馆参观，学习更多的科学知识，从而对科学产生兴趣。

种牛痘风波

天花是由天花病毒引起的一种烈性传染病，它曾是死亡率较高的传染病之一，传染性强，病情重。没有患过天花或没有接种过天花疫苗的人，均容易被感染，主要表现为严重的病毒血症。在人类历史上，在世界范围内，天花曾带走了数以亿计的生命，是一种极为可怕的病毒。由于人若感染过这种病毒便能终身免疫，所以人们在宋代便已经发明从患病痊愈者身上提取"人痘"的预防措施。然而，由于"人痘"接种后的副作用太过强烈，所以多数人还是选择不接种，希望自己不会被传染。1796年，英国人琴纳受"人痘"的启发，从感染天花病毒的牛身上提取"牛痘"，将之接种到人身上。此法副作用小，免疫率高，被证明是最有效的防治天花病毒的手段。然而，当时的英国人对于要将牛身上的东西植入人的体内感到十分的怀疑，甚至传出了"种了牛痘以后会使人头上长出牛角，发出牛叫的声音"的谣言。

处于愚昧状态的老百姓无法接受最新的科学发明的情况，在中国也同样存在这样的问题。因此，当卢作孚率着学生队和少年义勇队来到乡间，提出想要给乡民施打牛痘疫苗时，乡民也是十分抵触的。由于地方偏僻，文化落后，老百姓对种痘不相信，有的怕种后要收费而无钱给，有的怕种了痘坏事，还有的人阻止别人抱小孩来种痘。他们说："哪有做这样好事的。他今天不问你要钱，等害得你的小孩要死了他才问你要！”[1]从这些言论中，可以看到人们不相信天底下真的会有人大公无私地推行公共事务。要化解这种矛盾，首先就是主事者要取得民众的信赖。

卢作孚是怎么取得民众的信赖的呢？这就要从卢作孚到任后对改善本地医疗卫生条件的努力开始讲起。卢作孚就任峡防局局长时，北碚只有局内配请有一名中医，局属职员、士兵散住各处，单这一位医生，逐一临诊，实难周到。至于居民患病，更无办法，往往疥癣小疾、伤风感冒，拖延经旬，直至重病才就医。有一次，卢作孚因率全局职员、学生和士兵进行野外训练，遇雨感冒，病情严重，只能乘坐汽轮到重庆医治，来回就用了两三天。局长尚且如此，一般老百姓遇有急病恐怕只能坐以待毙了。因此，卢作孚认为在北碚本地兴办医学是刻不容缓之事。

为此，卢作孚找到了一位名叫全季清的医生朋友。这位全医生是重庆大生医院的院长，卢作孚去信求援，请他介绍一位医生来北碚开设医院。1927年6月，全季清院长介绍其弟全用周，携带药品来北碚筹建医院。由于经费困难，在草创之初，卢作孚只能在市场内找到一座小庙宇，腾出两间房屋，隔为药室、诊断室和手术室，因陋就简，于7月1日开院，定名为“峡区地方医院”，委派全用周任院长。这种简陋的医院，治疗小病尚可勉强应付，若有大病定然束手无策，因此卢作孚心中，一直怀抱着兴建一座有门诊和病房大楼、有

① 高代华、高燕编《高孟先文选》，西南师范大学出版社，2016，第121页。

相应辅助建筑、有现代化医疗设备及器械的新式医院的梦想。此时地方医院除院长外，有医官2人，看护2人，见习生4人和工友数人。开初每天诊断20余人，后由30余人、40余人，逐步增加到1931年每日诊断100人以上。[①]随着上门求诊的人数越来越多，此地的空间已经不敷使用，于是卢作孚拍板决定，在离北碚市场不远、紧靠嘉陵江边的一个空气清新、视野开阔的山头上，兴建新的院区。

理想虽美，但需要资金扶持。钱，再一次成为卢作孚不得不克服的难关。幸好，此时的北碚，由于多年来的建设，已经成为四方人士争相仿效的模范城市，大量有志于城市建设的官员和学者涌入此地考察，于是卢作孚拟定了一套细致的募捐计划及工作方法：

> 我们开口向一个人募捐，还得斟酌这个人是必能而且必肯捐款的，才不至于难为他人，丢掉自己。假定我们觉得来了一位参观者是可以募捐的，引他参观了医院内容以后，便应请他参观壁上所陈列的建筑新医院的计划，“图画预算和捐款人一览表”供他比较。这些都是促起人捐款的利器。我们必须细致地，殷勤地运用它。我们提出募捐的请求必须先充分与人以考虑斟酌的自由。绝不出诸强勉。人如稍有为难的表现，立刻乱以他语，不使为难，这些都是盼望医院募捐十分留意的问题。[②]

幸好，由于卢作孚的队伍多年来多次到乡间搞科普和抗

① 周永林、凌耀伦主编《卢作孚追思录》，重庆出版社，2001，第544–545页。
② 凌耀伦、雄甫编《卢作孚集》，华中师范大学出版社，2011，第150–151页。

日救国的宣传活动，致力于武装剿匪，又帮助受害民众重建家园，恢复生产，与人们建立了很好的关系，所以本地的士绅愿意出钱出力；又由于卢作孚在北碚兴办科学事业（后文详述），声名远播，加上他政商关系良好，所以外地的有识之士也很愿意尽自己之力帮助卢作孚实现他的理想。钱很快就募到了，新的医院也顺利于1933年兴建。

这座医院之所以能得到人们的欢迎，更重要之处在于，它除了治疗来问诊的病人之外，同时也肩负着推进科学普及与公共卫生的工作。在医学普及方面，这座医院通过派出医生下乡防病治病、培训乡村医疗人员、举办宣讲和健康比赛等手段，使闭塞的乡间接触到现代医学。通过实证的医学诊断，人们渐渐开始相信医学而不是鬼神和邪教。当人们开始相信医学之后，前文提到的种牛痘风波也就自然而然平息了。而在公共卫生方面，卢作孚除了改善居民的卫生习惯、杜绝"九口缸"的恶习之外，也积极地引导居民自发地改善本地的卫生情况。例如：当时电影传到中国不久，峡防局为教育民众和丰富地方文化生活，经常放映露天电影，只要民众交出1根老鼠尾巴或100只死苍蝇就能换取1张入场券。就这样，当地兴起了一股讲卫生的热潮，房屋、街巷、阴沟都被人们反复清扫，老鼠几乎被打绝，苍蝇也明显减少，本地的公共卫生情况就这么被改善了。

这一切工作之所以能够顺利展开并且得到成功的关键，在于陕防局顺应当地的民风、民情，不搞强硬的一刀切，一切政策的执行手段都经过研究，建立在潜移默化的基础之上，与民众沟通，顺应民情。正如曾是少年义勇队一员的高孟先所说的：

我们觉得干乡建运动的，人们只要愿意把心献给农民，到处都是机会，随时可以利用。眼光看准了，材料预备充实了，随便抓一个机会，都可以大规模的运动一下，凡活动都会有相当的结果。嘉陵江实验区，在过去的几年中，对于民间夏节的活动，都曾充分的利用过许多地方建设事业和民众教育工作，大都是从民间的生活习惯和特殊风俗中找机会做出发的，而且也曾收到相当的效果。[①]

这样的工作方法，仍是今天的我们需要学习的。

① 高代华、高燕编《高孟先文选》，西南师范大学出版社，2016，第92页。

近代西部的第一所科学院

在20世纪30年代初期，峡区博物馆成为重庆一带的人们闲暇之余常去的一处去处，人们在博物馆中了解了不少科学上的常识。如果说卢作孚的梦想仅止于让北碚人民掌握现代国家公民必备的能力，那么他的理想可以说是达成了。但作为深受五四运动精神影响的卢作孚，他想拯救的不仅是北碚，更是全中国，而“科学救国”更是他自五四运动以来便未曾忘却的梦想。

在竞争激烈的20世纪，科学技术，特别是高精尖的科学技术，是决定国家盛衰的关键性因素之一。如果国民的知识水平普遍偏低，便不可能找到适合培养成科学家的优秀人才，所以卢作孚要提升国民的基本知识水平。如果没有科学家带头，那么也不可能会有优秀的科学产出以让中国立于世界强国之林，更不可能会有下一代的科学人将科学事业接力棒传下去。正如卢作孚自己所说的：“民国十六年以后，嘉陵江渝合间之三峡，因有温泉公园、北碚市场、大利蜂场、宏济冰厂、北川铁路公司等事业之经营，附近各县学校，春秋旅行，整队学生游三峡者，络绎道上。然不过游历旬日，匆匆来去，尚少意义。于此美的自然及新的事业之环境中，如更创造一研究科学之环境，生物地质之标本，理化实验之仪器药品，社会调查之统计，搜集罗列，期在各校学生，到此从容留住半月、匝月，在较学校为充实的科学环境中，作科学之研究，于各学校为助必多。”[1]因此，在推广科普教育的同时，卢作孚也一直期盼着能够推动高等科学研究。

1930年初，卢作孚已经着手准备兴办一座科学院了。根据他的计划，这座科学院要同时研究自然科学与社会科学，预定设立八个院，其预想的编制如下：

Ⅰ自然方面

第一院　植物。

第二院　动物。

第三院　地质。

第四院　理化用具与药品。

Ⅱ社会方面

第一院　衣食住与用具——农工商业与交通。

第二院　政治与战争。

第三院　教育与宗教。

第四院　风俗习惯与人口统计。[2]

要实现这样的构想，首先必须筹款。卢作孚经营的民生公司、北川铁路公司、三峡染织厂等先后捐出了150万元左右的基金，省内外学术团体如中华文化基金会等，以及省教育厅和当时四川军政要人第二十军军长杨森、第二十一军军长刘湘等人，都大力支持科学院的兴办，在经济上提供了大量的资助，保障了成立科学院的物质基础。

① 《中国西部科学院之缘起、经过及未来的计划》，重庆市档案馆藏中国西部科学院档案，档案号：6。

② 《科学院技划大纲》，《嘉陵江日报》1930年4月2日，第179号。

也正是在这个时候，卢作孚依照计划率领考察团前往沿海地区进行考察。在这次考察活动中，卢作孚一行将随行携带的许多动、植物标本，与南京的中央研究院、中国科学社、中央大学、金陵大学和浙江、江苏两省的昆虫局进行交换；为北碚采购意大利种鸡、法国梧桐和鸣禽动物；为煤矿和铁路建设购买机器设备和材料；为即将创建的中国西部科学院采购各种试验仪器和药品。同时，卢作孚也在那里结识了一批当时中国最负盛名的知识分子。在知名教育家黄炎培的引见下，卢作孚见到了时任中央研究院院长的蔡元培，蔡元培对于卢作孚的构想非常感兴趣，表示届时愿意与卢作孚进行学术标本的交换，并且协助其聘请研究人员、购买科学仪器等。

在先期准备得到了一定成果之后，当卢作孚结束其在沿海地带的考察返回北碚之时，这所科学院的筹建工作便正式被提上日程。1931年1月2日，中国西部科学院在兼善中学召开第一次筹备会议，会议讨论议决了中国西部科学院的管理体制和组织机构设置。在管理体制上，实行董事会下的院长负责制：董事会选举院长，总理全院院务；院长下设各所（处）主任，并设总务处襄助院长办理院务；主任下设研究员。组织机构分研究机关、附属事业和联络事业。作为科学院主体的研究机关，暂定设立生物研究所、地质研究所、理化研究所、社会科学研究所（后来没成立）、农林研究所等五个研究所和博物馆。同次会议中并议决将在同年4月举行设立者大会并选举董事会。[①]

中国第一所民办科学院，中国西部科学院，成立于1930年10月

虽然预定于4月举行的设立者大会并未如期召开，但整体工作仍然持续进行，相关机构也逐步设立。最先成立的是理化研究所，王以章任主任，继由李乐元、徐崇林分任正副主任。其次是农林研究所，主任刘雨若，助理员漆联金、王离轩、邓文俊。再次是生物研究所，由傅德利任昆虫部主任，俞季川任植物部主任，动物部由王希成任主任，继由施白南负责，助理员则有杜大华、蒋卓然、孙祥林、杨宪清、彭彰伯等。地质研究所则在1932年成立，主任常隆庆，助理员有王道济、段学忠、罗正远等。

虽然计划中的社会科学研究所未能成立，但已成立的四个研究所，在开创之初，即已取得巨大的成绩。如理化研究

① 《中国西部科学院第一次筹备会议第一天情形》，《嘉陵江日报》1931年1月4日，第279号。

所曾搜集川东、川鄂边境的煤矿及其他矿石进行化验，并曾化验过川康焦煤、北温泉水质、文星场水泥原料、屏山片岩及铜、铁等矿石，做过巴县石油沟石油量的测定等研究工作，为川康等地分析焦煤成分，为发展地方工矿业，为北泉水源的有效应用，提供了科学的依据。又如农林研究所开辟了北碚西山坪的荒山，在东阳镇石子山顶设立了川东地区较早的测候所，试种过会理木棉，又自中外各处引进数千株优质果苗，试种川康林木种子百余种，同时亦在农场种植中、美棉作对比观察试验，如此种种，都对于提升本地经济作物的质量和数量有相当大的帮助。再如生物研究所，很早便开展与国内外各方面的合作，参加过中瑞新甘考察团、美国芝加哥博物馆苏密士川康调查团、南京中国科学社等赴川陕、川甘、川康等地的动、植物考察和标本采集工作，习得了许多先进的科学方法；地质研究所，生物研究所的植物部、动物部曾先后组成综合调查团到雷波、屏山、峨边、大凉山等地进行综合性调查，其成果《四川雷、马、屏、峨考察记》科研报告更是被作为重要成果刊登在中国西部科学院丛刊第一号上。此外，今日缙云山上的植物园也是生物研究所设立的。地质研究所，也曾多次与理化研究所、生物研究所一道，进行实地调查工作，为全国土壤分布的研究、四川煤铁等矿产资源的运用、开采提供了宝贵的地质资料，为川黔公路的路基、路线的勘定，为北碚的筑坝修桥等，提供了宝贵的地质资料。

1934年到1937年，中国西部科学院（以下简称“科学院”）的业务得到持续的发展。在这一时期，科学院的工作重点在于调查研究川康等地的资源开发与利用。在此期间，科学院共出版各类调查研究报告专书40多种。其后，虽然因为抗战导致经费困难，农林、生物两所暂时停办，只留下理化、地质两所，但靠着战前所奠定的基础，良好的学风、充足的人才、精良的设备、合适的场地，在抗战期间，吸引了国内公私学术机关20余所前来北碚恢复教学及科研工作。借用科学院的房屋和设备，这些学术机关得以继续其教学及科研事业。正是因为科学院的鼎力支持，这些来碚坚持抗战的平、津、沪等地的学术研究机关才能尽快恢复工作。据不完全统计，当时由卢作孚的民生轮船公司协助撤退，或受到他领导的北碚当局和科学院资助、支持的学术单位还有：中央历史博物馆、清华大学雷电研究室、中央研究院气象研究所、中央农业试验所、经济部矿冶研究所、复旦大学、江苏医学院等。[①]因此，科学院博得了抗战时期大后方科技事业的“诺亚方舟”的美称。

正是在这样的环境之下，许多其他机构也慕名而来，在数度迁徙之后决定暂时“定居”于北碚。其中包含在全国具有重要影响的复旦大学、中国乡村建设学院等，科研机关有中央研究院一半的研究所即动物、植物、气象、物理、心理

① 潘洵、彭星霖：《抗战时期大后方科技事业的“诺亚方舟”——中国西部科学院与大后方北碚科技文化中心的形成》，《西南大学学报（社会科学版）》2007年第6期。

5个研究所，中国科学社生物研究所，经济部矿冶研究所，经济部中央地质调查所，农林部中央农业试验所，经济部中央工业试验所，中国地理研究所，军事委员会资源委员会国民经济研究所，航空委员会油料研究所，清华大学航空研究所及雷电研究室，军政部陆军制药研究所等。这些内迁的学术教育机构在北碚时期取得了许多重要成就。[①]北碚集合了科技和文化方面的精英，北碚夏坝与重庆沙坪坝、江津白沙坝及成都华西坝并称为抗战大后方的“文化四坝”。

在此过程中，科学院尽可能地对这些内迁的学术机构提供帮助，虽然因此消耗了自身的资源使得研究力量受到一定程度的损失，但从长远来看，科学院舍己耘人的义举，保证了科学事业内迁大后方之后得以继续蓬勃发展，奠定了中国的科学基础，也保住了中国科学文化的命脉和精华。

---

① 潘洵、彭星霖：《抗战时期大后方科技事业的“诺亚方舟”——中国西部科学院与大后方北碚科技文化中心的形成》，《西南大学学报（社会科学版）》2007年第6期。

前所未有的科学盛会

1933年5月，一则新闻报道，使原本默默无闻的北碚，一下成为全国高等知识分子关注的焦点。这则报道的原文是：

> 中国科学社本年年会将在距渝一百二十里之北碚举行。自筹备委员长卢作孚返川后，即与善后督办刘湘商定，关于该社各会员到渝后，一切饮食住所及用车诸费，概由担任。前日该社曾决定于开会期中，举行一科学进步讨论会，以便各科学专家，对于年来世界各种科学之进步过程，各作一有系统之报告，并决定征文办法两项……①

中国科学社是由留学美国康奈尔大学的中国学生赵元任、任鸿隽、杨铨等在1915年发起成立的民间学术团体，以"联络同志、研究学术，以共图中国科学之发达"为宗旨。1918年迁回国内，是中国最早的现代科学学术团体，近代中国历史上第一个民间综合性科学团体。中国科学社虽然是一个私人学术团体，但是自成立以后，就成了我国科学事业最权威的领导机构，即使后来南京国民政府以国家之力成立的科学事业机构中央研究院，其成员也基本来自中国科学社，足见其在学界的影响力。

①《中国科学社年会本届在四川北碚举行》，《大公报》1933年5月6日，第6版。

为了迎接这些科学家，民生轮船公司专程派出了辖下最先进的民贵号轮船，从上海出发，途经南京、武汉，沿江西上，到达重庆。1933年8月15日，民贵号轮船抵达重庆朝天门码头。在轮船靠岸的那一刹那，岸上响起了雄壮的军乐声，以及连绵不断的爆竹声。这是重庆军、政、商、学各界代表以及市民群众自发组织的欢迎仪式，数千人齐声鼓掌欢迎科学家的到来。这样热烈的气氛，表明了交通不便的西南地区对于现代文明的渴望，以及对于科学救国理想的向往。以前，还没有这么多的全国一流科学家同时到四川来，甚至没有科学团体来过四川。这件事本身不仅撼动了北碚，也撼动了四川；不仅推动了四川的经济建设，也触动了四川的政治变化——它象征着川军内战的时代结束了，和平建设、科学建国的年代到来了。

8月16日晚，时在成都的四川善后督办刘湘，派军部代表甘典夔代表他宴请中国科学社第十八次年会的全体社员，席间详细讨论了四川的科学建设和资源开发问题。8月17日，中国科学社在重庆郊区的川东师范学校（即后来的西南大学）举行第十八次年会开幕典礼。军部代表甘典夔在开幕式上讲话，期望中国科学社能帮助四川调查资源，改良实业；帮助四川发展科学和教育；将科学知识灌输入军人的头脑中，使之注重建设事业。如此种种，都说明此次年会对四川的军方领导人将会产生多么深的影响，正如卢作孚的儿子卢国纪事后评述的："这也恰是我的父亲所要达到的重要目的之一——使四川从分裂到统一，从战争到建设，从而造成一个新四川。”[1]

在重庆稍事休整之后，中国科学社成员于8月18日换乘“民福”专轮由重庆来到北碚。此时的北碚，以北温泉公园为中心，在一片红花绿叶的装饰中，搭起了开会用的礼堂，静待科学社成员的到来。当日，中国科学社在此处成功地召开了换届选举大会，各部门也在此初步报告了过去一年工作的总结。8月19日，在卢作孚的招待下，科学社成员乘坐肩舆前往缙云山游览，并且在山上的缙云寺召开工作会议，讨论社内会计、审计事务及社刊的编纂发行等问题，卢作孚也在此以最高票47票被选为社会科学部的编辑员。

8月20日，才真正进入此次中国科学社年会的重头戏——宣读论文。据记载，“上午八时在温泉公园临时大礼堂宣读论文，到一百余人，胡刚复主席，由本人宣读论文者有马寿征、曾吉夫、裴鉴、方文培、许植方、叶善定、何鲁、秉志、卢于道等九人，每人宣读时间定为十分钟，讨论时间五分钟。是日各文宣读之后均有质疑及讨论，全场兴趣甚浓，至十一时散会”[2]。是日下午，科学家在参观完北碚的一切新式设施后，盛赞：“北碚仅一乡村耳，居民不过千户。自经卢作孚氏经营其地，市政毕举，文化发展，人民安居乐业，实为一国内之模范自治村也。”并且在北碚体育场举行露天讲演，“由马寿征君讲‘由中国化学肥料问题说到农村复兴’。次陈燕山讲‘改进中国棉业之重要’。次李永振讲‘农业改

---

① 卢国纪：《我的父亲卢作孚》，四川人民出版社，2003，第176页。

②《中国科学社第十八次年会纪事录》，第20-21页。

良’，听者二百余人，极能引起地方人士之注意。”[1]

这次科学年会时间虽短，但不管在政治上，或在学术上，都极为重要。除了前面所述的这次年会象征四川内战阶段结束、建设阶段开始之外，通过年会期间与四川人的接触，以及对四川省的科学考察，这些来自沿海地带的科学家第一次将目光放到这块土地上，一改过去觉得四川是个贫穷落后的内陆省份的观点，注意到了“天府之国”丰富的资源及发展潜力。在这次年会中，通过了胡先骕的禀请政府设立四川富源调查委员会之提案，其具体内容略为：“本社同人此次入蜀开年会，为发展中国实业与酬谢四川政府机关与四川学术团体之招待起见，理应建议于四川当局组织四川富源调查利用委员会，由四川省酌定每年筹出若干经费，聘请专家来川，先后为各种调查……五年或三年事毕，各以调查所得，编为报告，关工程矿业并附以详细之设计，俾刊布之后可供四川省当局及企业家之利用。将来如各项建设计划次第开办时，本社亦可负介绍技术人员之责。”[2]这时所提出的这个建议，大大地促进了四川地区天然资源的开采，也奠定了抗战“大后方”的物质基础。

此外，有一则值得一提的趣闻。在那个年代，许多人利用外出开会的机会，公然地利用公款大吃大喝，不但造成物资的浪费，同时也在社会上产生很不好的影响。在此次年会期间，封闭且急欲推销自己的内陆省份忽然迎接这么一大批

① 《中国科学社第十八次年会纪事录》，第24页。
② 《中国科学社第十八次年会纪事录》，第28–29页。

尊贵的客人，很难想象主办方不会为了“打肿脸充胖子”而不顾四川民穷财尽的现实摆下奢华的宴席。但是，卢作孚又一次地坚持了他诚恳、朴素的待人接物原则。据知名地理学家葛绥成先生的回忆，午宴的地点并不设在高级餐馆，而是设在平时训练学生的土墙草顶房屋内。“屋顶饰以各色绉纸条花；屋的三面都贴欢迎标语，一面竹篱，虽粗柱茅屋，结构不精；然以布置得宜，也殊错落有致，别具风格。餐桌铺有白纸，以花瓣树叶连缀成：‘愈艰难愈奋斗’‘愈穷困愈努力’‘愈失败愈决心’等语。我们看了这些标语，就可明了他们的精神。”而所供应的食品则是“南瓜烘饭，佐以蔬肴一碟，各人分食”。葛绥成于是评论道，此种招待法“略带乡村风味，颇合于卫生，此种宴客办法，在全中国可谓别开生面”[①]。同行科学家对于这种朴素实干的作风也是击节赞赏，这一切正说明了当时的北碚，无论是物质建设还是精神文明建设，在全国范围之内都呈现领先的态势。

其后社员离碚赴渝，在重庆逗留数日之后，分赴四川各地进行考察与访问，对于即将成为“大后方”的这块区域有了基本的认识；而北碚，也因为这次会议吸引了来自沿海地区的随行记者，他们发现中国竟然有这么一个“四川之唯一净土”“足当新村之模范”的地方，于是连日刊载专题报道将北碚介绍于全国人民之前。[②]也正是因为此时所积累的声誉，使得日后全面抗战期间，北碚得以吸收大量的人才，并且成为“陪都之陪都”。

---

① 葛绥成：《四川之行（续）》，《新中华》1933年第1卷第23期，第67页。

② 语出《四川之唯一净土北碚模范村》，《大公报》1933年8月31日，第4版。

守尔慈与北川铁路

铁路是近代以来,人类交通方式的革命性变化,是工业化的重要标志。由于内忧外患,中国进入铁路时代的过程十分缓慢,西部地区更是如此。但是,地处西南大山深处的北碚,却是最早开通铁路的西部县城之一,在中国铁路科技史上,书写了传奇的篇章。

说起北碚铁路,就不能不提到爱国实业家卢作孚。1927年3月,卢作孚出任江北、巴县、璧山、合川四县(即江巴璧合)特组峡防团务局局长,着手乡村建设。铁路是他建设蓝图中的重要一环。

一、卢作孚的乡村建设与北碚铁路需求

1930年,卢作孚率队到山东、东北等地参观,一路上感触很深。他发现,只要是有铁路所到的地方,其附近则有工厂、商场、银行等工商机构;有铁路修到,便有学校在此地建立。"哈尔滨是现在东北一个顶繁盛的市场,便是俄国人于建筑铁路之后经营起来的。"[1]他还认识到德国对山东的经营,是以胶济铁路为中心;日本对满蒙的经营,是以南满铁道为中心;俄国对满蒙的经营,则是以中东铁路为中心。这

① 卢作孚:《卢作孚自述》,安徽文艺出版社,2013,第155页。

次参观对他的思想触动很深，铁路对地方经济及社会发展之重要，无时无刻不萦绕他的心头。回到北碚，他很快调整了自己的乡村建设计划：将交通运输（尤其是铁路）建设放在优先战略地位。在他看来，要改变四川的落后面貌，首先应从交通建设入手。先交通再实业，最后推进文化教育，最终达到救国的目的。

民国初期的北碚是一个交通闭塞、匪盗横行的小乡场。当时，北碚有个天府煤矿，具有丰富的煤炭资源。工业革命、机器生产使得社会对于煤炭这种“热动力”资源需求倍增。作为工业生产的重要能源，煤炭意味着巨大的财富。但是，民初北碚，乡民出行都十分困难，更不用说开采煤矿，千辛万苦开采出的煤炭，只能靠人力肩挑背扛运出煤矿，不但效率低而且影响销路。1925年，士绅唐建章等提出修建轻便铁路之议，计划沿嘉陵江北岸，南起白庙子，北至大田坎，造一条全长16.5千米，以煤炭运输为主，兼代客、货业务的小轨火车专线。由于铁路所在区域在当时的行政区划中属江北与合川界内，故定名为“北川铁路”。但是，由于路款难筹等原因，迟迟未能动工。1927年，卢作孚接任峡防团务局局长后，这条“难产”的铁路才迎来转机。经过与唐建章商议，卢作孚召集各煤厂厂主，组建“北川民业铁路股份有限公司”，采用招股办法筹集资金，计划集资20万元，卢作孚主持的民生公司入股8万元，初步解决了资金问题。但是，修建铁路的技术问题，在当时的北碚乃至重庆，是个天大的难题，全四川还没建成一寸铁路，相应的人才可谓凤毛麟角。

另外，卢作孚1930年考察东北归来后，有意扩展北川铁路计划，将北碚、夏溪口以及矿山北川铁路沿线当作乡村建设运动的重点区域。铁路建设的技术难题愈加复杂，卢作孚将它交给了丹麦工程师守尔慈。

二、“重庆的詹天佑”——守尔慈

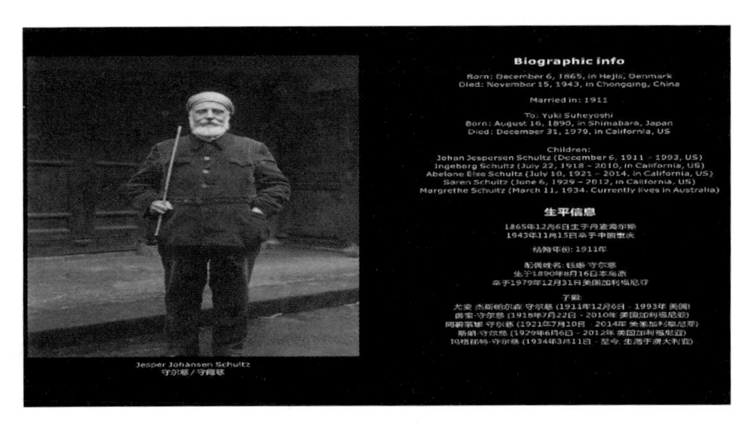

守尔慈像

守尔慈，1865年生，毕业于德国柏林大学，学识渊博，经验丰富，曾参与中国胶济、潮汕、长兴铁路的修建，在中国有着不小的名气。1927年卢作孚终于在上海邀请到他，聘请他出任北川铁路总工程师，负责全线勘察设计和施工。当年，已63岁的守尔慈带着妻子一起来到了重庆。他初到北碚即与副工程师吴福林等开展调查工作，他们忍饥挨饿，跋山涉水勘测路线，晚上则在微弱的油灯下整理分析。历时九个月后测绘完毕，守尔慈制作出从戴家沟直抵嘉陵江观音峡白庙子的施工方案，第一期工程修建土地垭至水岚垭路段，不日破土动工。

北川铁路总工程师守尔慈（中）和副总工程师唐瑞五（左二）勘察北川铁路时留影（一九二七年秋）。

守尔慈勘探北川铁路

1928年6月18日，国民政府交通部拟文暂准北川铁路建设立项，11月6日破土动工，卢作孚主持了开工仪式。当时筑路工有近千人。到1929年，北川铁路一期工程水岚垭至土地垭段8.7千米的铁路建成，并购置了两台26千瓦蒸汽机车，11月正式通车营运。在修建铁路的这一年内，守尔慈虽已年逾六旬但精神健旺，勘测时期无房居住，他就在储煤坪旁一间又小又窄的木棚内既住宿又办公；施工期间更日夜蹲守工地指挥，全程参与建设。北碚地方志中曾称赞他："六旬老人，精神健旺，测勘路线，凡九阅月而竞，竟日跋涉山谷间，无疲乏之态。"[①]1930年秋，二期工程开工，铁路向两

① 重庆市北碚区地方志办公室编印：《北碚志·交通志》，重庆市北碚区地方志办公室内部印刷，2016，第161页。

头延伸修建，到1931年5月，修成从白庙子码头至大田坎的北川铁路，后来施工方又分别购置81千瓦和55千瓦蒸汽机车各一台，全线贯通并投入营运。第三期铁路建设始于1933年6月，工程为代家沟至大田坎段铁路修建以及白庙子码头重力绞车下煤轨道修建。北川铁路公司又向上海祥臣洋行定购了钢轨及配件150余吨，还购买了55千瓦蒸汽机车一台和五吨自动卸煤车20辆，并于同年底运回安装。1934年3月，整个北川铁路工程建设完成，全长16.5千米，形成了完整的运输系统。[①]它是四川兴建的第一条铁路，被誉为四川铁路的“鼻祖”。

北川铁路1928年11月6日开工，前坐者为卢作孚聘请的丹麦人、北川铁路总设计师守尔慈

① 天府矿务局编审委员会：《天府矿务志》（1933—1985），天府矿务局内部印刷，1991，第2865页。

北川铁路早期运输(1934年)

北川铁路从起点站土地垭到终点站白庙子共设11个站,有马力蒸汽机车8台,五吨自动卸煤车厢118辆,客车厢、货车厢、水车厢、平车共14辆,绞车一台,卸煤桥4座,以及其他附属设备。全线通车的当年日运量为400吨。北川铁路建成,开创了四川铁路史的新纪元,也为嘉陵江三峡风光增添了一景,吸引着各地名人前往参观。

北川铁路的建成结束了古老的人力运煤方式,大大提高了运煤效率,使"日运量由400吨上升到2000吨左右"。同时,它还方便了往来重庆、广安、岳池一带的商旅,繁荣了北碚的商业贸易。有诗赞曰:

自铸火车惯运煤,山中十里走轻雷。
专家心血工人汗,此是渝郊第一回。

在修筑北川铁路的同时，守尔慈还应卢作孚之邀考察了北碚城区。守尔慈发现这座小城依山傍水，风光秀美，但城市的格局十分落后，他和北川铁路副工程师唐瑞五一道，带领测量人员，对北碚街道、城市公园、江边码头、中国西部科学院、北温泉、缙云山到黛湖等进行了实地规划勘测。这些地方的后续建设，几乎全是按照他和唐瑞五共同绘制的规划设计图进行修建和改造的。值得一提的是，在建造中国西部科学院时，因资金不敷，难以完工，守尔慈知道后还慷慨解囊，捐献近万元解燃眉之急。

守尔慈初到中国时正当青年，几十度春秋后，他深深爱上了中国，到北碚时虽已满头银霜，但他更愿安家于此，入北川铁路公司不久，他便派人将家属接来了，让子子孙孙在北碚这块山川秀丽的土地上生活。

守尔慈夫人来自日本，育有两男三女：大儿子约翰，出生山东，继承父业，大女儿雪心、小儿子雪伦等也都在中国出生。由于长期生活在中国，守尔慈受东方文化影响极深，家庭中西合璧，家具中外并用，一家人说的是中西方混合语言，用的是中西方混合礼仪，十分有趣。1943年，为了躲避日军空袭，78岁的守尔慈坐上了前往丰都的轮船。航行途中，因心脏病发作，在丰都去世。

目前，守尔慈的相关事迹保存在重庆自然博物馆（馆址在北碚金华路）。北川铁路的袖珍铁轨和曾在铁路上行驶的小火车头均被保留下来，陈列于中国三峡博物馆内，成为民国时期重庆工业发展的代表。

三、守尔慈与北川铁路：中丹友谊的桥梁

2015年11月1日，时值中丹两国建交65周年庆暨丹麦王国驻重庆总领事馆成立10周年之际，重庆渝中区白象街举办了一场“守尔慈在渝事迹展”，面向重庆市民免费展出一个月。此展以图片式的传记，呈现了一个外籍工程师的重庆故事。

11月1日上午10:00—12:00，由丹麦王国驻重庆总领事馆主办的“守尔慈在渝事迹展”将于渝中区融创白象街举行开幕仪式。丹麦王国驻华大使戴世阁、重庆市的一些领导等都出席了此次仪式。

开幕仪式当天，守尔慈的曾表侄Jens Schott Knudsen以及民生实业集团有限公司总裁、卢作孚先生的后人卢晓钟也来到现场，共同分享了他们的故事。而守尔慈的孙女，Ingrid Sundy Wang女士也特地从菲律宾马尼拉来到重庆参加此次活动，实现了中丹跨三代后的再次握手。

守尔慈事迹在渝开展

两个国家，两位人物；一座城市，一条铁路。卢作孚先生和守尔慈先生合作修建的北川铁路，为重庆科技进步、城市建设以及丹麦重庆两地的交流合作做出了卓越的贡献，也见证了重庆和丹麦的世纪友谊。

中央研究院四所迁碚

国立中央研究院是民国时期国家最高学术研究机关。1927年初，蔡元培等国民党人士倍感设立国家研究机关之必要，筹备创办国立中央研究院（以下简称“中研院”），先行设立理化实业研究所、社会科学研究所、地质研究所、观象台研究所四个研究机构。[①]1928年6月9日，中研院正式成立，以“实行科学研究”“指导、联络、奖励学术之研究”为宗旨，先后建立物理、化学、工程、地质、天文、气象、历史语言、心理学、社会科学、动物、植物等14个研究所，同时仿效欧美国家的国家研究会议（National Research Council）设立评议会，作为全国最高学术评议机关。经过抗战前近十年的苦心经营，“各研究所之图书、仪器、标本等之丰富，在国内已属首屈一指。尤以古物善本等项之搜藏蒐集，甚为丰富，不独为国内仅有，亦为世界学者所珍视”[②]。

卢沟桥事变爆发后，中研院部分机构未雨绸缪，开始筹备内迁事务。代理总干事傅斯年多方求助，向湖南省政府主席何键及湖南省教育厅厅长朱经农借得房屋49间，又联络美国大使馆租赁湖南圣经书院长沙韭菜园及南岳校舍部分

① 国立中央研究院文书处编《国立中央研究院十八年度总报告》，国立中央研究院办事处，1929，第40页。

② 国立中央研究院编《国立中央研究院概况：1928—1948》，国立中央研究院办事处，1948，第6页。

房屋，用于筹备长沙工作站，为此后中研院的大规模整体内迁提供了一个临时基地。

淞沪会战爆发之后，位于上海、南京两地的中研院各研究所首当其冲，直接暴露在侵华日军的空袭范围内。随着日军对南京的轰炸愈演愈烈，中研院气象、心理、动物、植物研究所便如火如荼地展开了内迁长沙的工作。动植物研究所、气象研究所于7月中下旬开始将重要书籍、仪器、标本分批内迁。第一批32箱于7月底运往南昌江西省立农业院；第二批58箱于8月初由南京运往长沙，存放于长沙工作站。心理研究所于8月20日整理较重要的图书、仪器27箱运往长沙；另挑选一部分运往汉口；其他未来得及内迁的仪器借给南京其他机构使用，于南京沦陷后散失无存；所中部分人员暂时遣散，6人停薪留职，9人先后到达长沙。与此同时，中研院气象、心理、动物、植物等南京6所所长奉院令组织中央研究院长沙工作站筹备委员会，并于9月1日正式成立长沙工作站。其中气象所因迁往汉口未参加，心理所所长汪敬熙、动植物所所长王家楫负责各所事务。

随着中研院内迁长沙各所物资、人员逐渐抵达，长沙圣经学校已是人满为患。从8月22日至9月23日，中研院职员62人陆续到达长沙，长沙房舍不敷分配，于是另行组织南岳工作分站。9月24日，动植物研究所、心理研究所迁往南岳，南岳工作站事务由心理所所长汪敬熙、动植物所所长王家楫主持。至此，中研院位于南京的气象、心理、动植物研究所的内迁初步告一段落。

12月，南京局势危在旦夕，日军飞机频频袭扰华中各地，武汉、长沙等地危如累卵，中研院内迁各研究所立足未稳便被迫另寻他去。12月13日，中研院在长沙召开临时院务会议，就各所经费支配、职员薪给标准及疏散办法等事项进行安排，同时决定将动植物研究所、心理研究所迁往广西阳朔，物理研究所地磁台迁往广西桂林。

1937年底到1938年初，中央研究院内迁西南主要分为以下三条路线：一是沿长江而上至重庆；二是从湖南长沙走陆路到达广西桂林、阳朔，或者经广西到达云南；三是经香港、广东至桂林，或经广西、越南至昆明。

气象研究所选择了第一条路线，费时费力较少。气象所在内迁之初曾在汉口停留几月。1937年11月下旬，国民政府已西迁重庆，各中央机关纷纷效仿，气象研究所于是决定改迁重庆。12月底，气象研究所科研人员21人及其图书、仪器搭乘民生轮船公司的轮船前往重庆，租赁通远门兴隆街19号为临时办公地点。1938年3月初，气象所又改租重庆曾家岩中四路139号"颖庐"二楼为所址，房屋10间，事务、统计、制图、发报办公室各一间，图书室两间，其余为职员宿舍。关于永久所址一事，因北碚有中国西部科学院及中国科学社，学术空气较为浓厚，竺可桢在汉口亲自拜访卢作孚，希望将来迁往此处，为此后气象研究所迁入北碚奠定基础。

中研院长沙的动植物研究所和心理研究所选择从第二条路线内迁广西、云南等地，这是内迁路线最为复杂、历程最为艰辛的一支队伍。1937年12月下旬，动植物研究所和心理研究所从长沙出发，于1938年1月下旬抵达距离广西桂林南约一百里的阳朔县，各所将所址设立于阳朔县中山纪念堂，并设立桂林办事处以便于联络。

此时，战争初期来不及迁出，只好避入上海法租界的物理研究所却仍然避居租界内，内迁举步维艰。1937年12月，长沙院务会议决定将三所（物理、化学、工程研究所）内迁昆明，由物理研究所所长丁燮林与化学、工程研究所一行经香港前往昆明，向云南地方当局表明理、化、工三所内迁昆明之意，并请其设法解决房屋、运输等内迁事宜。云南省主席龙云和经济委员会缪云台都非常欢迎他们迁往昆明。昆明地方政府的盛情相邀，对身处上海法租界愁云密布的各研究所人员来说，可谓是一场及时雨。

1938年2月28日，蔡元培在香港召开中研院院务会议，制定了动植物、心理研究所“既在桂林、阳朔开始工作，不必再徙昆明”，“气象所准在重庆”，“理、化、工三所之仪器、书籍、杂志、机器等，迁移较易及适于在内地工作者，迁昆明；其不能迁者，在上海保存”[①]等政策。1938年3月2日，物理、化学、工程三所驻滇临时办事处在昆明成立，由化学所研究员潘履洁担任办事处主任。至此，上海三所内迁终于有了眉目。

上海各研究所的内迁筹备事宜迅速开展，但此时已无法再从陆路转移，因此只能选择走海路，由外国轮船或公司经

① 王世儒编《蔡元培日记》（下册），1938年2月28日，北京大学出版，2010，第541页。

香港迁往内地。此时全部内迁势必难以进行，各研究所只能选择将来研究所必须用的图书、仪器及贵重物件随所内迁。物理研究所便沿第三条路线，全所一分为二，经香港、广东到达广西桂林或经广西、越南抵达云南昆明。

中研院各研究所及其工作人员跋山涉水、不远万里从灯火辉煌的南京、上海迁往西南腹地，希冀寻得一块安身立命之地。原本以为至此可安定下来，继续开展科学研究。内迁昆明之初，代总干事傅斯年认为“昆明天气既佳，大可为长居之计”[①]。对于各所内迁一事，傅斯年还提到“迁桂者应在桂安居，不作再迁之计。如其不能，便即行迁滇，勿稍留恋。不可先展开再搬家，既住下又思走。总之，此次一搬便搬到底，如不以桂为妥，即行赴滇。在滇、在桂，一经住下，便扔去再搬之思想，积极恢复工作”。[②]然而，这终归只是傅斯年的美好愿景。随着抗战局势的风云变幻，日军对中国大后方城镇的轰炸愈演愈烈，桂林、重庆、昆明各地接连被炸。日军的大规模轰炸打破了中研院内迁科研人员短暂的宁静，各研究所为免遭损失，专心进行科学研究，只好再次向郊区疏散，或另寻去处。

1938年7月31日，日军空袭桂林，位于桂林环湖东路的地质研究所与物理研究所办事处在轰炸中坍塌过半，所幸无人伤亡。1938年底，广州、武汉相继沦陷，桂林频繁遭受空

---

① 王汎森、潘光哲、吴政上主编：《傅斯年遗札》第2卷，社会科学文献出版社，2014，第648页。

② 王汎森、潘光哲、吴政上主编：《傅斯年遗札》第2卷，社会科学文献出版社，2014，第644页。

袭,科研工作难以开展。位于桂林的物理研究所地磁和无线电部分以及位于阳朔的心理研究所又经柳州迁往三江丹洲工作站。1939年10月中旬,广西省政府所建设的桂林科学实验馆在桂林良丰雁山村落成,心理研究所与该馆合作,将办事处陆续从丹洲迁入科学实验馆。物理研究所地磁和无线电部分则继续留在丹洲工作站。

位于广西阳朔的动植物研究所则迁往北碚。为便于运输,动植物研究所与社会科学研究所在柳州、六寨、贵阳三地联合设立办事处,分段办理物资的运输及存储事宜。动植物研究所于1939年1月从广西阳朔出发,途经贵阳、遵义、江津,于同年5月抵达北碚。动植物研究所就成为中研院迁入北碚的第一个研究所。

身处重庆闹市的气象研究所也饱受轰炸之苦被迫疏散。1938年下半年起,日军开始对重庆进行试探性轰炸。1939年1月15日,日机轰炸重庆,造成200余人死伤,曾家岩气象研究所附近也有炸弹落下。此时的竺可桢虽身在浙江大学,却十分担忧气象研究所的情况并开始考虑气象研究所再迁之事。在4月1日致中研院总干事任鸿隽的信件中,他谈到了对气象研究所迁往北碚或昆明的各种考虑与担忧:

重庆一至夏季,云雾大减,敌机必大肆轰炸。气象图书经弟拾余年之搜集,已差足为研究之用。昔在君在世时,曾谓院中图书,除历史外,当推气象为首屈一指。以气象所搜集图书,不仅限于气象一门,如地理、海洋、地震、地球物理等,远非清华(在北平时代)、中央各大学所能企及。依目前价格，汇兑所中书籍非三四十万金不办，而其中有若干整套杂志，尚非金钱所能购得。自迁渝以后，因曾家岩地居冲要，大部书籍藏于南岸，研究者既不能利用，且以天气潮湿，存贮篇中均已霉烂，言之痛心。且研究机关设在重庆，极不相宜。动植物研究所既远在北碚，中央大学亦相去二三十里之遥，气象研究所已是独木不能成林，弟之所以决意迁移者以此。迁移地点只昆明与北碚二地较为相宜，一则为院中天文、理化、工程各所群集之地，一则有生物、动植物各所，尚足同气相求也。弟曩在渝时，曾至北碚温泉一带物色屋宇，见有绍隆寺空屋可以利用，后经探悉，已被张君劢捷足先登，故在北碚亦只能另行建筑。北碚测候所赵君(鹏飞，昔年曾在北极阁学习四个月)近在北碚对江之东汤村山颠新辟所址，欢迎气象所前往。但为永久计，在碚建筑不如在昆，因为研究起见，气象所与天文、理化关系远较生物方面为密切也(如所中须修理仪器，在昆即较便利)。运费如在万元左右，则气象所历年为各省购办仪器项下尚可弥补，于所中预算不致受影响。惟同样建筑，昆明或须较北碚为昂贵耳。至于气象行政方面言，则迁北碚以后，与中央各部亦形隔离，反不如昆明之便利。故弟意，如运费所中贮积已足弥补，则迁昆明，否则迁北碚，此事速应决定。[1]

最终，中研院总干事任鸿隽以及气象研究所代所长吕炯以院中经费有限、迁滇困难重重为由，主张就近迁往北碚。

[1]《致任鸿隽函稿》，1939年4月1日，中国第二历史档案馆藏中央研究院档案，档案号：393/2877。

1939年5月“五三”“五四”大轰炸过后，气象研究所无暇思索，就近迁移，在北碚测候所赵鹏飞的帮助下，陆续将总务、气候及高空等部分迁至北碚租屋办公。以后由卢作孚协助解决电力等问题，又于同年10月将无线电广播与天气预报迁往该处。1939年12月，气象研究所在北碚近郊水井湾象山购买基地5市亩用于永久所址建设，陆续建成办公室、图书馆及职员宿舍等5幢，并于1941年元旦迁入新所址。于是，气象研究所继动植物研究所之后，成为中研院迁入北碚的第二个研究所。

1940年下半年，昆明形势愈发紧张，重庆国民政府建议在昆明的各中央文化教育机关立即疏散。位于昆明的中研院史语研究所和社会研究所迁往四川南溪县李庄镇，物理研究所原本也曾计划迁往四川，后因运输困难、经费有限只能就近迁往桂林，但桂林不久也被轰炸。此后，物理研究所奉命与英国在香港合办军用光学器材厂，所长丁燮林带领工厂主任及应用光学部分人员先后赴港，一部分仪器、材料、书籍也用于充实该厂设备。物理研究所自抗战初期分处上海、桂林、昆明的局面方告结束。

1944年6月，中日双方激战长沙、衡阳之际，桂林告急，中研院物理、心理、地质研究所被迫再次筹备迁移。7月底，中研院院长朱家骅电令桂林三所迁往贵州安顺、贵阳，迁移费由资源委员会拨付，各所立即分头行动。物理研究所随即派人前往独山、贵阳、安顺预先布置。心理研究所因人手不足，将全部物资托付于物理研究所运输。8月7日，物理、心理二所图书、仪器、机械等物资由湘桂铁路局调拨车皮2节运离桂林，职员、眷属随所西行，于15日到达广西金城江。物理研究所所长丁燮林于物资离桂后飞往重庆负责与各方接洽。经多方联络，由锡业管理处与资源委员会运务处将11吨物资从金城江运至贵阳；其余物资155箱约40吨搭载黔桂铁路局美军军火列车向贵州进发，历时20余日仅前进28千米。此时，日军已迫近金城江，黔桂路局人员全部撤退，物理研究所押运者不得不弃车而去，列车被中国军队炸毁，所载物理、心理研究所物资损失殆尽，物理研究所大部分图书、磁学仪器、工厂机器、金属实验室、无线电器材等，均告损失。这是中研院抗战内迁途中所遭受的最为严重的损失。11月初，物理、心理二所又奉令迁往北碚，物资、职员及眷属于1944年底先后到达。

至此，中研院气象、动植物、心理、物理研究所历经艰险在北碚会师。

中央地质调查所在北碚

中央地质调查所[1]是中国近代历史上建立最早、机构最为系统完善、成果最为丰富的地质调查和研究机构，素有“中国第一个名副其实的科研机构的盛誉”[2]。

中央地质调查所的历史可以追溯到1912年南京临时政府成立的实业部地质科。地质科几经更迭，于1913年定名为“地质调查所”，任丁文江为所长。但随后地质调查所的名称和归属因政局变化而多有变更，直到1930年南京国民政府时期才逐渐稳定，隶属于国民政府实业部，全称“实业部地质调查所”。1932年公布的实业部地质调查所组织条例规定，地质调查所设图书馆、地质矿产陈列馆、燃料研究室，（内附矿物岩石研究室、化学试验室、古植物学研究室及照相室）、土壤研究室、古生物学研究室、地性探矿研究室、地震研究室[3]，组织形成规模，所内的图书、仪器也逐年扩充，专业人员增加，各方资助也增多，各研究室的研究在国内甚至世界都处于领先水平。

---

① 中央地质调查所从诞生到结束的37年里，因隶属机构不同导致名称多次更改。1937年全面抗战爆发时，该所全名为“实业部地质调查所”；1938年国民政府改组实业部为经济部，该所也随即改名为“经济部地质调查所”；1941年因各省相继建立省地质调查所，为有所区分，该所便加上了“中央”二字，全称“经济部中央地质调查所”。为方便叙述，本文统一以“中央地质调查所”或“地质调查所”称之。

② 高平叔编《蔡元培全集》（第7卷），1989，中华书局，第45页。

③《实业部直辖地质调查所组织条例》，《立法院公报》1932年第40期。

1931年"九一八"事变后,中国北方局势不稳,位于北平的大多数机构都在长城战役后组织南迁。地质调查所于1933年在翁文灏所长的主持下开始在南京选址。1935年,地质调查所将所中的大部分图书、仪器以及研究人员迁往南京珠江路942号(现珠江路700号)新址,北平原址改为北平分所,只留下了主要从事周口店发掘研究的新生代研究室和位于西山鹫峰的地震研究室。地质调查所在南京时期组织完善,科研条件优越,是其发展历史上的黄金时期。

然而好景不长,在地质调查所迁到南京两年后,日军全面侵华战争开始,日军迅速攻陷上海,危及南京,国民政府被迫决定内迁,地质调查所也于1937年11月奉令开始向湖南迁移。

刚在湖南长沙郊外喻家冲建起三栋简易馆舍不久,随着徐州会战的失利,华中及中南地区岌岌可危,地质调查所不得不再次举所搬迁。此次他们在卢作孚的邀请和帮助下,来到了重庆郊外的文化名城北碚,并在此安定下来。

1939年,地质调查所迁入北碚后暂用的是中国西部科学院惠宇楼的一部分房屋,但房屋不够使用,于是地质调查所便开始着手在惠宇楼旁边兴建新的办公楼。后来因为工作过程中不断收集到新的化石标本,再加上当时后方迁过来的各类图书和期刊,使得房屋更加不够用,于是地质调查所又在北碚文星湾兴建了一座两层小楼作为图书馆,用于存放各类图书、期刊和化石标本。1941年,地质调查所为与地方各地质调查所有所区别，正式冠以“中央”二字，全称“经济部中央地质调查所”。

1940年，入所工作的曾鼎乾先生曾回忆过北碚时期地质调查所的环境和办公室的设置：

> 这是一座砖木结构二层楼的小楼，大门在楼正中和后门直通，通道左侧是楼梯，紧邻楼梯东侧是所长尹赞勋先生的办公室(后来由李春昱先生接替)。对面是行政人员的办公室……再往东就是一间南北连通的会议室。前后门通道的西半楼，南半边一间较大的房子是李善邦先生和秦馨菱先生的地震研究室……楼上最东一大间(相对会议室的楼上)是曾世英先生编制中国地图的测绘室，相对尹所长办公室的楼上一间是程裕淇先生他们看显微镜的岩矿室。对面南面一大间是包括程裕淇等六七个人的办公室。二楼西半边，相对楼上地震研究室的那间和西南一大间是没有固定床位的单身宿舍。西面一小间是周赞衡先生的宿舍，南面是一大间，黄汲清先生、岳希新先生和我都在这里边办公。
>
> ……
>
> 地质调查所的图书馆，则另在远隔办公楼沿嘉陵江、穿过北碚街上西南约二三里路的一个小山顶上。图书馆的建筑要比办公楼牢固得多，也是两层楼，有走廊，站在走廊上俯瞰嘉陵江江水滔滔，抬头南望稍远一点就是天府煤矿的码头，观音峡历历在目，两岸石灰岩峭壁直立十分壮观，别有一番令人神驰的景象。楼上是书库，楼下是管理室和古生物人员的办公室。知名的古生物家计荣

森、杨钟健先生就在这里办公。山下是土壤研究室和食堂。[①]

为满足战时的需要，地质调查所内迁北碚后，将工作重心转移到油田勘探和燃料研究方面。抗战后期，资源的需求量越来越大。西北虽然土地贫瘠，但资源丰富，尤其是石油储备量巨大，地质调查所对西北的地质勘查量也逐年增加。1942年，翁文灏代表国民政府在新疆与苏联谈判独山子油矿合作的问题。地质调查所的黄汲清、杨钟健、程裕淇、周宗浚等人组成地质组参与了中苏在新疆的合作。此次的油矿调查工作是在冬天进行的，工作环境和条件都十分恶劣，他们不仅时常需要在零下二十几度的环境中工作，而且还处处受苏联的掣肘，但其还是克服万难对独山子一带的地层构造、油源及其开发情况进行了详细的调查，顺带还勘察了当地的冰川地形，考察了库车油田。1943年，他们一行人才结束工作回到北碚。此次赴新疆的调查工作，为之后独山子的石油开采提供了理论上的支撑。1942年，地质调查所的另一批人，如王曰伦、路兆洽、李树勋、徐铁良、刘庄等人在兰州组织并成立了地质矿产调查队。1943年，由甘肃省政府协助，调查队正式改组，成立了中央地质调查所西北分所，所址设在兰州萃英门13号甘肃机器厂旧址，所长由王曰伦担任。西北分所主要设地质矿产、测绘、化验、陈列和图书等室。为了加强地质调查的实力，北碚地质调查所总所先后

① 程裕淇、陈梦熊主编《前地质调查所的历史回顾：历史评述与主要贡献》，地质出版社，1996，第165–166页。

将毕庆昌、叶连俊、何春荪、陈梦熊等人自重庆调至兰州参加分所工作，之后又陆续有宋叔和、梁文郁、米泰恒、黄劭显、刘乃隆、郭宗山等人前往西北分所工作。在条件十分艰难的情况下，他们对“西至新疆，东逾陇山，北入蒙旗，南越祁连”的广大范围进行了考察，开始有计划地开展西北地质矿产调查。1945年，以王曰伦、陈梦熊等人组成的祁连山地质矿产考察队，自西宁经门源、俄博等地进入河西走廊，成为我国第一个横跨祁连山的地质调查队。除此之外，他们还组织了白银厂考察队、六盘水考察队，攀登雪山冰峰，跋涉戈壁沙漠，在艰苦卓绝的条件下为我国西北地区的地质工作奠定了基础。

地质调查所原本设有专门的燃料研究室。迁到长沙不久，燃料研究室下设的化学试验室主任金开英被翁文灏派到四川进行从植物油提炼轻油的工作。迁到重庆后，原燃料研究室的大部分人又都陆续进入动力油料厂工作，研究用植物油裂解制造汽油等燃料，在北碚本所的燃料研究室就只简单地保留了一个化学试验室，做一些基础的测试工作。地质调查所的地震研究室在内迁之后因没有合适的仪器而无法继续原本的地震探测研究。地震研究室的李善邦、秦馨菱在地质调查所从南京开始向长沙转移时便开始进行物理探矿的工作。他们先是在湖南水口山一带进行物理探矿，在野外工作近一年，还未待他们返回长沙，地质调查所又开始往重庆转移，他们便辗转衡阳、桂林、柳州、贵阳，最后到达北碚。到达北碚后不久，李善邦与秦馨菱两人又出发到西昌、会理两地探测铁矿。当时西康等地交通极为困难,没有公路,基本上还是靠传统的"马帮"。风餐露宿十几日,李善邦、秦馨菱两人才到西昌、会理等地,在此做了一个多月的工作,并在野外度过了那一年的春节。1941年初,当李善邦、秦馨菱结束在西昌、会理的工作准备返回北碚时,收到了翁文灏要求他们去勘查攀枝花是否有铁矿的电报,于是他们又立即折返,往攀枝花赶去。因已经外出多日,他们所带的旅费所剩无几,川藏地区还时常有野兽出没,条件十分艰苦,但就是在如此艰难的条件下,他们还是用物理探矿的方式勘探出了攀枝花铁矿,并初步估计了该矿的储量,采集了矿样。经过化验分析,攀枝花铁矿为钒钛磁铁矿。这是一项重大的发现,但由于当时条件有限,冶炼这种铁矿较为困难,加上交通不便,攀枝花铁矿未能及时开采利用,但攀枝花蕴含丰富钒钛磁铁矿的情况被地质调查所发现并记录了下来。在新中国成立后,攀枝花的铁矿陆续得到开发,攀枝花因而成为我国四大铁矿区之一,矿区的钒钛含量也位居世界前列。

地质调查所在内迁北碚的同时也在策划于昆明、桂林设立办事处。虽然这两个办事处存续时间较短,但为西南地区的地质、矿产、古生物等方面的调查与研究提供了诸多便利,尤其是杨钟健主持的昆明办事处,先后有卞美年、毕庆昌、黄懿、许德佑、王曰伦、路兆洽、边兆详、宋达泉等十几名学者在这里办公。卞美年更是在云南禄丰等地调查地质寻找矿产的时候发现了著名的云南"禄丰龙"化石。后来由古生物专家杨钟健对该化石进行了长达九年的详细研究。禄丰龙是目前世界上发现的最古老的一种恐龙。在禄丰龙被发现之前,中国的恐龙化石多是在秦岭以北的地区被发现的,禄丰龙是第一种在西南地区发现的恐龙化石。地质调查所发现的禄丰龙化石数量庞大,保存完好,在国内外引起了极大的轰动。在禄丰地区,除了大量的恐龙化石以外,还发现了在古生物学上占有重要地位的类似哺乳动物的卞氏兽和昆明兽。就恐龙来说,当时在禄丰发现了84具恐龙化石,除了禄丰龙这具完整的个体外,还有至少20具不完整个体。这个数量庞大的化石群,在很长一段时间里都是不可超越的大发现。后来地质调查所与中国西部科学院等十多家科研机构于1943年在北碚筹建中国西部科学博物馆(即中国西部博物馆),并将复原后的完整的禄丰龙骨架展示给观众。受此影响,直到现在位于北碚的重庆自然博物馆内还展示着多种恐龙的化石和模型。

在黄汲清、尹赞勋和李春昱3位所长的努力下,地质调查所在战时保存了大量的图书资料、研究设备以及科研人员,在后方修建了办公大楼、图书馆,恢复了良好的工作环境,在战时恶劣环境中重建了地质调查所的各项工作,为抗战的胜利以及后方科学的发展做出了重要贡献。

中国科学社生物研究所的北碚岁月

中国科学社生物研究所（以下简称“研究所”）是中国近代第一个生物学研究机构，于1922年8月由秉志、胡先骕和杨铨在南京创办，秉志为首任所长。研究所分动物部和植物部两部分，秉志兼任动物部主任，胡先骕任植物部主任（后由钱崇澍继任）。研究所着重于中国动植物的调查、分类研究，同时也进行一些生物的形态解剖和生理、生化方面的研究。

一直以来，研究所的科学工作者对动植物种类丰富的四川地区保持着高度关注。1930年，研究所与静生生物调查所合组“四川生物采集团”入川进行科学考察，获得卢作孚的协助以及经费等方面的支持。作为回报，生物采集团最终将所得标本全部留在四川，至今仍保存在四川大学生物系的标本室。此后，卢作孚曾到上海拜谒研究所的创办人秉志，并请求其协助筹划中国西部科学院生物研究所，推荐人员入川工作。1931年1月2日，中国西部科学院在兼善中学召开第一次筹备会议，把中国科学社列为重点联络单位。1933年夏，应卢作孚之邀，中国科学社第十八次年会在北碚召开。在中国西部科学院的大力协助下，年会取得圆满成功。秉志对于卢作孚的热情甚为感激，为抗战时期研究所迁至北碚打下了良好的基础。

1937年8月，南京屡遭日军轰炸。为维持研究所的继续发展，钱崇澍、秉志商议迁所，最终决议迁往北碚。卢作孚为研究所迁往北碚提供了巨大的支持，曾先后两次写信给民生公司代理总经理宋师度，让他协助研究所的内迁：

> 中国科学社迁往北碚，在渝转运及北碚联络转信转电诸事，盼嘱公司同人特予扶助。渝中各事业有须特取联络之处，并盼特接洽为感。

中国科学社已开始迁移，请告北碚科学院为酌让房屋并一切帮助。[①]

中国科学社的内迁还得到了当时浙江大学校长竺可桢的帮助。钱崇澍主持研究所迁往北碚的过程中有83箱图书曾被滞留于嘉兴。当时去往重庆的轮船大多拥挤不堪，竺可桢受托指派唐慧成到泰和提取这些书籍，然后由浙江大学负责护送，准备经过汉口再转到重庆，但因汉口形势迅速转为紧张，只好转道广西或湖南，在电询过钱崇澍之后，经萧山、建德、泰和几度停转，终于安全运送到了北碚。1937年10月，研究所全部都搬到了中国西部科学院办公。相对其他科研机构而言，研究所的内迁因获得了各方的协助，所以其过程较为简单顺利。尽管如此，战争时期的被迫长途迁移，还是给研究所带来了惨重的损失，其中尤以书籍损失最大，所幸杂志得以保存，其中有98种为全套，而其中又以1787年的一套最为珍贵。

① 黄立人主编《卢作孚书信集》，四川人民出版社，2003，第590-591页。

研究所迁到北碚之后，借中国西部科学院的房舍和部分设备开展工作。受战时条件制约，研究所经费严重不足，难以应对战时日益严重的通货膨胀，物价暴涨。《中国科学社生物研究所二十九年度工作概述》中记述道："物价高涨，而本所经费有限，一切工作，皆受影响。如标本采集，难以如愿，图书设备，添置不多，皆为憾事。"①物价飞涨不仅使拮据的科研经费难以为继，也使研究所中科研人员的生活陷于困境。当时研究所的房子都用于员工住宿，钱崇澍不得不在外租了两间小房子，卧室在一个小饭馆的楼上，既热又吵。当时国民政府一个部长带口信给钱崇澍，只要研究所接受教育部的领导，科学研究和职工生活经费就有保障。还有人介绍他去当国民党的立法委员，这些都被他断然拒绝。在物资极度匮乏、条件极端困难的情况下，钱崇澍带领大家种菜、养猪，自力更生。为维持最低生活，他还鼓励一些高级职员到外面兼课，以获得平价米。他自己也到距北碚25千米的青木关国立十四中学去兼课。

可即使在极端困难的境遇之下，研究所依旧坚持科研工作。迁入北碚后，他们主要进行了以下几个方面的工作：

一是生物调查和采集。钱崇澍被聘为代所长后，积极推进研究所着手进行生物调查。研究所先后在川、康、滇、黔四省开展生物调查，特别是南川、青衣江及洪雅河流域（包括天全实兴及瓦屋山）、大渡河流域（包括瓦山、峨眉山）及

① 《中国科学社生物研究所二十九年度工作概述》，《科学》1941年第9-10期，第558页。

嘉陵江下游一带。1940年夏，所员曲桂龄、姚仲吾由康定至泰宁，西越大炮山至巴丹一带采集标本，然后经旄牛向南回康定，历时5个月之久，共采得标本1100号，计5000枚。次年春，又在华蓥山等处进行了小规模的采集。1940年，研究所自建实验室进行研究，每年到此查阅资料的国内外学者络绎不绝，研究所成为中国植物研究的一个基地和国际交流的窗口，这种盛况完全不比南京时期差。除此之外，研究所还陆续编纂了《扬子江流域及中国海岸之动物志》《浙江、南京及四川之植物志》《中国松柏科与唇形科植物志》等动植物志书。根据实际需要调查了大量的森林植物及药用植物，完成了《四川北碚植物鸟瞰》《四川四种新木本植物》《北碚菊科植物志》等论文。

二是动植物研究。从1938年起，植物学方面的专家开始编著对于经济上至关重要的刊物:《中国森林图志》《中国药用植物图志》《中国野生食用植物图志》。其中《中国药用植物图志》收载药用植物50种，对植物的形态描述精详，并绘制了精细的线条图。书中记载和考证了约400种药用植物，对中国药用植物的研究做出了卓越的贡献。在动物研究方面，所中各位学者进行的神经学研究、神经生理研究、四川特产大熊猫大脑与灵长类大脑的比较研究、森林昆虫研究、原生动物研究都取得了不菲的研究成果。同时，在食用鱼类、家畜及人体内寄生原生动物研究等方面也取得重大进展。这些研究最后都以论文或著作的方式发表。1922年到1942年，动物学部共刊行论文16卷112篇（不包括交予国内外其他刊物者),这些论文专刊受到了学术界的欢迎和重视,并与国外800余处研究机构进行交换,因此,当时世界各国无不知中国有这样一个研究所。植物部主任胡先骕所著《中国种子植物志属》《中国植物图谱》《高等植物学》《植物地理学》被用为学校教本,或作一般参考,对植物学教育的推广大有裨益。李约瑟考察抗战期间中国学术机构状况时对钱崇澍领导的研究所能在北碚重建给予了很高的评价。

三是合作与辅助研究。内迁后的生物研究所除继续历年来的工作之外,开始结合战时社会实际需要,调整研究计划。他们重视将科学研究与现实结合,与各政府部门或相关机构合作,力所能及地开展一些实用性的调查和研究。包括但不限于,受贸易委员会委托研究和推广除桐害虫新方法,为资源委员会调查适于发展畜牧业的草原,为经济部调查各处的森林状况和造纸原料的分布情况,为中华自然科学社调查西康及云南昆明的森林状况,辅助江西省经济委员会调查水产等。研究所还曾围绕国防和经济建设展开科学考察和科学研究,从事对可应用于国防军备的动物保护色研究。这些都是内迁到北碚后的研究所努力适应战时需要的表现。

中国地理研究所的成立与成就

中国地理研究所于1940年在北碚成立，该所是中国科学院地理科学与资源研究所、中国科学院南京地理与湖泊研究所、中国科学院测量与地球物理研究所三所的前身，是中国历史上第一个地理学专门研究所，也是当时中国唯一的地理学专门研究所，它的成立标志着中国现代地理学研究的开端。中华人民共和国成立后，该所研究人员在振兴中国地理学事业中发挥了骨干和带头作用，多人被遴选为中国科学院地学部学部委员（院士），为中国现代地理学发展做出了重大贡献。

一、中国地理研究所的创办

中国地理研究所的创办基于抗战时期对地理人才的迫切需要。

> 地理学在国防、外交、民生事业等方面的重大作用，逐渐被国人意识到。当时支援抗战的基础是西南、西北大后方各省的国防、工业、交通、农业等各项事业，这些事业的建设“莫不需要地理专才为之设计”，因此，此时国家急需大量地理专门人才为抗战建国事业做出更多的贡献。[①]

① 詹永锋、王洪波、邓辉：《民国时期中国地理研究所钩沉》，《地理研究》2014年第33卷第9期，第1768-1777页。

抗战前，中国地理学已得到一定的发展。

> 自1909年中国地学会成立后，又有农商部地质调查所（后改称中央地质调查所）、中华地学会、中国地理学会、禹贡学会等与地理学有关的学术机关团体相继建立，这些学术机关团体虽非地理学专门学术研究机关，却也较好地推动了中国地理学的发展。然而抗战爆发后，中国地学会、中华地学会、禹贡学会等地学相关团体和研究机关被迫停止活动。中央地质调查所和中国地理学会虽然内迁至重庆继续开展活动，但是中国地理学会重在联络各地研究地理学的学者和与地理学有关的教育及学术机关，而非从事地理学专门研究；中央地质调查所虽为一学术研究机关，然其研究工作多为地质学方向。可以说直到1940年，中国地理学界尚无专门学术研究机关。[①]

早在1937年全面抗战爆发前，中央研究院曾一度准备建立地理研究所，并委托李四光着手筹备工作，请丁骕驻庐山兼办，而随着抗战的全面爆发，此事随之中断。直到1940年，在朱家骅的大力支持下管理中英庚款董事会为创办地理研究所提供了大量资金，当年8月1日，中国地理研究所在北碚正式成立。

中国地理研究所，建所初设自然地理、人生地理、大地测量和海洋4个学科组。1947年，中国地理研究所改属教育部后，自然地理组与人生地理组合并改组为区域地理、边疆考

① 詹永锋、王洪波、邓辉：《民国时期中国地理研究所钩沉》，《地理研究》2014年第33卷第9期，第1768–1777页。

察两组，每组设主任一人，所内员工介于40—60人之间。黄国璋、李承三、林超先后任所长，并吸纳了一批地理学家来所任职。中国地理研究所起初作为管理中英庚款董事会下辖自办事业，研究经费主要由该会拨付。其后因该会经费困难，1946年，中国地理研究所改属于中华民国教育部管辖，经费改由教育部拨付。1947年6月，中国地理研究所迁至南京。1950年4月，该所被中国科学院接收，并在其留在南京的部门成立中国科学院地理研究所筹备处。

二、中国地理研究所的成就

詹永锋、王洪波、邓辉在《民国时期中国地理研究所钩沉》一文中对中国地理研究所取得的成就做了较为详细全面的介绍，其主要体现为两个方面：一是实地考察工作，二是编纂出版刊物。具体如下：

（一）实地考察工作

中国地理研究所在成立初期，连续组织人员开展一系列地理实地考察，如嘉陵江流域考察、汉中盆地考察、北川铁路沿线煤田考察、川东地理考察、大巴山地理考察、福建省东山岛海洋考察、合川渠河方山地貌调查、西北史地考察等。这一时期的地理考察是中国地理研究所近十年时间里最有成就的系列地理考察，福建省东山岛海洋考察是抗日战争时期中国唯一一次海洋考察，尤其在四川和西北地区开展的地理考察，被认为代表了民国时期地理学实地考察的广度和深度；嘉陵江流域考察和汉中盆地考察更是开了中国综合性区域地理调查的先河，其考察成果《嘉陵江流域地理考察报告》和《汉中盆地地理考察报告》亦被誉为抗战14年中国地理学代表性成果。

1944年后，管理中英庚款董事会难以支付大规模考察经费，直至抗战胜利，所内已没有力量组织大规模的考察。这一时期中国地理研究所的工作重心转到室内，整理撰写地理考察报告，陆续编辑出版了《地理》卷4和卷5、《地理集刊·第一号（暂行本）》、《地理集刊·第二号（暂行本）》、《地理集刊·第一号》、《地理专刊·第一号（暂行本）》、《地理专刊·第二号（暂行本）》、《北碚志·地理篇》等研究成果。

李承三任所长期间，致力于将所内多年积压的考察报告编印出版，陆续出版了《地理专刊》1~3号、《四川经济地图集》等成果，特别是《四川经济地图集》，它是中国第一部专业经济地图集。此时地理考察工作亦恢复，该所派钟功甫和施雅风参与了由资源委员会黄秉维主持的长江三峡淹没区损失调查、川东鄂西三峡工厂水库区经济调查和川西水利区域考察。

1947年后，中国地理研究所在南京的三年，所内研究人员参加了部分地理调查。1948年春，罗来兴参加了由资源委员会举办的浙江黄坛口水库淹没损失调查；1949年4月23日南京解放后，楼桐茂、吴传钧积极参加了南京市城乡经济关系调查。

（二）编纂工作成就

中国地理研究所成立前，《地学杂志》、《地理杂志》、《地学季刊》、《禹贡》（半月刊）、《地理月刊》、《地政月刊》、《地理教育》、《地理教学》等抗战前创办的地理学刊物早已在抗战爆发后被迫停办；仅剩中国地理学会创办的《地理学报》依然出版，然而因印刷及经费困难，自1937年以后，《地理学报》已由季刊改为年刊出版。全面抗战爆发后至中国地理研究所成立前，抗战早期的中国地理学术园地几成荒漠，地理学方面的出版物极少见。

为丰富中国地理学术园地以满足人们对地理读物的需求，中国地理研究所在地理学学术刊物编纂出版方面用力颇多。为"广立中国地理学的基础，谋中国地理学长足的进步"，该所在1941年创办《地理》季刊。《地理》季刊主要登载比较短篇通俗的文章，一方面在于传播地理知识，增加一般人对地理的认识和兴趣；另一方面借此与海内外同道相研讨，以达到集思广益的效果。到1949年，《地理》季刊共出版6卷24期，刊载文章数总计近140篇。《地理》季刊实为20世纪40年代动荡时期中国唯一连续出版的地理学季刊，它的创刊出版在当时中国地理论坛方面"不啻是空谷足音"。除《地理》季刊外，中国地理研究所出版有《地理集刊》《地理专刊》；大地测量组编辑出版有《测量》季刊和《测量专刊》，《测量》季刊可以说是中国测量学界第一块专业学术园地；海洋学组亦编辑出版有《海洋专刊》一、二册和《福建海洋考察团初步报告》一、二册等研究刊物。

此外，地图的编制出版亦受到该所极大的重视，该所成立之时，即有制图室的设置。中国地理研究所陆续出版的地图有《嘉陵江苍溪合川间阶地分布图》、《嘉陵江苍溪合川间河道变迁图》、《方山地形图》、《四川经济地图集》(附《四川经济地图集说明》)、《四川省分县图》等学术研究地图，此外还出版有《缅甸全图》(附《缅甸全图中英英中地名对照表》)、《泰越全图》(附《泰越全图地名对照表》)、《印度全图》、《南洋群岛全图》、《苏联新图志》等学校用挂图，以补坊间地图的不足。

作为中国学术史上第一个地理学专门研究机构，中国地理研究所应时代需求而创办，广罗优秀的地理人才，开展了众多开创性的地理学研究工作，形成了丰富的地理学成果，造就了一大批著名地理学家，为中国科学院内地理学研究机构的广泛设立以及中国现代地理学的发展奠定了坚实的基础，在中国地理学史上留下了浓墨重彩的一笔。

嘉陵江边的“苏医郁”

自进入21世纪以来，在工业化和信息化社会蓬勃发展之时，中华民族乃至世界人民却面临着疾病的侵害。人类在面对疾病的袭击时，利用各种医学手段奋起抗争。由此可见，医学在人类发展的每一步都有着举足轻重的作用。我们一起回到抗战时期的北碚，“苏医郁”见证了全面抗战时期重庆医学院校的发展历程，对战时的医疗起着关键的作用，为当时的民众提供了切实的医疗安全保障，由此看来，“苏医郁”值得我们去深入了解。

1939年5月江苏医学院迁到北碚，1946年9月迁回江苏

一、“苏医邨”的由来

“苏医邨”，乍一听恰似一人名，实则不然，“苏医”实为国立江苏医学院（今南京医科大学）的简称，“邨”同“村”，亦可解为一方土地。简而言之，“苏医邨”的意思为国立江苏医学院所在地。全面抗战时期，国立江苏医学院迁入当时的北碚地区（今重庆市北碚区），在此期间，医学院的师生精诚合作，为后方医疗提供保障，当地百姓亲切地把国立江苏医学院本部称为“苏医邨”。

1937年7月7日，卢沟桥事变爆发，全面抗日战争正式开始。8月13日“淞沪会战”爆发，国民政府的首都南京危在旦夕。10月29日，国民政府宣布将首都南京和所有政府机构由南京迁往陪都重庆。从开始的北平、天津和上海失守，再到后期的南京、徐州、开封等城市的相继沦陷，预示着持久抗战的到来，这场持久战不仅是军事力量的持久消耗，也是对战时医疗卫生事业的重大考验。

战火纷飞之际，以第七重伤医院名义西迁衡阳的私立南通学院医科与迁校沅陵的省立医政学院同感经费拮据，办学困难。经教育部统筹并报请最高国防会议通过，1938年8月9日，两校在沅陵改组国立江苏医学院，胡定安任院长。自此，学校实现了由“省立”到“国立”的转变。据不完全统计，1937年，全国共有国立医学院校（含综合性大学的医学院或医科）7所，另有国立医药、牙医专科学校各1所，省立医学院校8所，私立医学院校14所。[1]

国立江苏医学院正式成立后，其师资力量和办学水平得到了显著提升。

随着长沙会战的爆发，此时身在湖南沅陵的国立江苏医学院处于战火的直接威胁之下，学院的教学任务和对外救治工作已经无法正常实施。无奈之下，1938年12月，经过学校商议决定，学校整体搬迁至贵阳，以谋求学校的正常发展。然待医学院迁至贵阳后，贵阳也连续遭到日军轰炸，在严峻的形势逼迫下，学校接教育部通知，再次启程前往重庆。1939年，学校复迁重庆北碚池角荡（后更名为"苏医邨"），学校师生尚未安顿好，又遭遇到了日军方面的轰炸，在这轰炸和炮火硝烟中师生先后抵达北碚，5月下旬正式复课。

二、"苏医邨"的起步和安顿

国立江苏医学院迁至北碚后，即以当时的北碚医院为新校址，其在重庆所设办事处亦由重庆枣子岚垭47号，迁至重庆纪明坊3号。国立江苏医学院在迁移过程得到了卢作孚的大力协助，其中，卢作孚主要在学校购买土地的问题上提供了相当大的援助，事实上，学校除商购土地外，开办护士学校、实施卫生教育、开展卫生防疫、举行公开活动都

① 苏文娟、张爱林：《抗战中的国立江苏医学院》，《南京医科大学学报（社会科学版）》2015年第4期，第302-306页。

得到了卢氏及其辖管区署的大力支持。[①]1939年5月14日,胡定安院长为此专门致函嘉陵江三峡乡村实验建设区署(卢氏管辖区域)汇报迁校情况。在此次迁校之后,国立江苏医学院依靠自身优势服务当地民众,获得了当地民众的支持。

国立江苏医学院在北碚不仅得到了当地名望之人和政府的支持,更依靠自身优势服务当地民众百姓,以此获得了当地人民的热情拥护。于是,在依靠自己努力和当地政府机构的支持下,国立江苏医学院逐渐地走上了长足发展的正轨。

在学校正式安顿后,院校领导开始改组机构,完善相关规章制度。院长直辖人事组与会计室,其余院务分设教务、训导、总务三处掌管。教务处下设注册、出版两组与图书馆;训导处下设生活管理、课外活动、体育卫生三组;总务处下设文书、庶务、保管、出纳四组。学校接着又组建了附属医院、附设公共卫生事务所、附设高级护士职业学校以及寄生虫学研究部等机构,颁布实施了《组织大纲》《学则》《会议规则》《各处室院班章则》《教职员聘任服务请假章则》《学生

① 目前发现的涉及国立江苏医学院在重庆北碚办学的档案资料较少。据不完全统计,重庆档案馆现存18份有关文件资料,其中"国立江苏医学院迁移新址办公的函""告知中国育婴保健会免费诊治的公函""函请三峡村实验区署建设细菌检验队""请北碚管理局备案护士学校""关于担任北碚中国西部地方病调查所理事的邀请函""关于国立江苏医学院救护队向实验区署申请医务用品的函""1947年回迁镇江时的房产委托""函请区署为百姓免费注射疫苗""三峡乡村实验区拟请各部与国立江苏医学院合作以推进地方卫生事业""向北碚管理局申请准予演出《天长地久》话剧"等10份档案均与区署及卢氏相关。

遵守规则》，筹建各种委员会，并形成《各种委员会暨其他章则》，使办学于法有据、有章可循。

三、"苏医郚"的抗战时期医学人才培养

全面抗日战争爆发，中日双方投入之兵力相继增加，接踵而来的便是后勤补给和军需医疗需求的猛涨。截至1939年3月，全国共有医师9837人，牙医师287人，药剂师468人，助产士3878人，护士4927人，另有外籍医师约400人，护士约100人。专就医师一项而论，平均每4.6万人对应1人，可见医卫人才是何等的匮乏。[①]

作为国立级别医学院，又地处战时陪都重庆，大力发展军需医学人才成了国立江苏医学院义不容辞的责任。国立江苏医学院以培养战时急需人才为己任，一是"培植适合国情能在公医制度下尽职之医师"，能够"深入民间……服务前方或留在后方从事救治负伤将士者"；二是"培植为卫生行政努力之医政人员""本院之教育宗旨，不惟欲作育临床专科医家，抑且欲造就能为卫生行政努力之先锋生力军也"；三是"完成医政各级佐理人员之训练"，"佐理人员中之护士助产士无论矣，即其他应急需之检验技术人员、助理护士、药剂生等，亦有加紧训练之必要"；四是"培养师资，并养成致力研究高深医学学术之风尚"，"百年树人，宜早为之计"，

① 苏文娟、张爱林：《抗战中的国立江苏医学院》，《南京医科大学报（社会科学版）》2015年第4期，第302–306页。

主张从根本上提升医学人才培养的数量和质量。[1]

1939年，应教育部响应，国立江苏医学院设立护士助理职业训练班，将大量初中学历学生作为主要培养对象，大力开展护士助理职业训练，学制为一年，其培养目的是以较短的培养周期培养出能够满足当下医疗需求的战地护士。1941年，还增办了附设高级护士职业学校。

在全面抗日战争期间，除了筹办护士助理职业训练班以外，国立江苏医学院还大力发展更高层次的医学人才。1944年3月，在严峻的条件之下，国立江苏医学院还设立了医本科和医学专修科，其中，医本科的学制为六年，招生对象起点为高中学历，其培养目的是重点培育临床医学人才；医学专修科的学制为六年，招生对象起点为初中学历，其培养目的是重点培育服务乡镇和农村型医学人才。

截至1949年中华人民共和国成立，国立江苏医学院共培养各级各类人才451名，其中研究生2人，医本科373人，卫生教育专修科12人，护士64人。[2]许多学子后来成长为医学名家和专门人才，如前中央政治局常委、国务院副总理李岚清，中国寄生虫学开拓者赵慰先，中国第一本细菌学专著——《医用细菌学》的编撰者陈少伯，中国第一部黑白组织胚胎学图谱的编写者蒋加年，连续层次解剖法的开创者姜同喻，国家一级教授、双气囊三腔管创制者仲剑平，支援抗美

① 苏文娟、张爱林：《抗战中的国立江苏医学院》，《南京医科大学报（社会科学版）》2015年第4期，第302-306页。

② 同上。

援朝战场并担任医疗队队长的刘正确，美中医学科学中心会长、中国驻美联络处和大使馆医学顾问高景泰等，均是国立江苏医学院时期在校学习的。

四、"苏医郇"的抗战时期医学科学研究

国立江苏医学院自成立之日起，即重视科学研究工作，并明确写入了《组织大纲》，这与胡定安博士留学德国，深受"洪堡精神"熏陶，注重科学探究不无关系。1940年，学院迁址北碚办学甫定，胡氏在《本院之将来》谈道："战争足以阻止学术之进步，虽为一般之事实，惟吾人之抗战，为维持宇宙间之公理，世界上和平，人类间道义……残暴之倭寇，果能阻止我学术之进步乎？！"[①]胡氏的自信与期望，大概有以下原因：一是学校名师荟萃，有着良好的科研人才储备。当时学校有国民政府部聘教授，中国寄生虫学奠基人洪式闾；我国公共卫生与预防医学奠基人，后任南京医学院、山西医学院院长的邵象伊；国家一级教授，著名解剖学家王仲侨；卓越的儿科学家，后任南京医学院院长的颜守民；著名药理学专家，后担任青岛医学院院长的徐佐夏；当时被载入美国科学名人录，后为浙大药学系、医学院重要创始人的孙宗彭；国际著名生理学家，后任（台湾）中国研究院院士的方怀时；等等。可谓人才济济，于斯为盛。二是当时国内西医研究的

① 苏文娟、张爱林：《抗战中的国立江苏医学院》，《南京医科大学学报（社会科学版）》2015年第4期，第302-306页。

落后。“我国新医学之输入，迄今数十年，在全世界医学上尚无相当地位……欲求一完好之专门著述，几等于零，后进进修，除借材外籍外，别无他法也。故医学之落后，一则因为学术环境，未经建立之所限。一则为吾人不能在学术上各尽其努力之表征。”医学研究十分落后，亟待加力追赶。三是政府及社会的支持。希望“贤明教育当局，及海内贤达，予以匡助，使本院将来成一最高医学学府”。[①]如当时国民政府教育部部长、前任院长陈果夫的胞弟陈立夫，无论出于私交还是公益，对学院事业大力襄助。[②]

抗战爆发后，国民政府迁渝，难民大量涌入，加之日军的封锁和轰炸，物资紧张，药品奇缺，流行病和疫病盛行。后方的稳定直接影响着前线战场。为安抚民心、稳定社会，发展我国预防医学，胡定安、洪式闾、邵象伊、褚葆真等教授集议，发起成立中国预防医学研究所，此议得到了翁文灏、朱家骅、陈果夫、金善宝、潘公展、茅以升、罗家伦、竺可桢等先生的赞助。1941年5月17日，中国预防医学研究所正式成立，由胡定安院长任总干事，下设四部九系。1942年7月，教育部批准成立了医学研究所。同年8月，医学研究所成立寄生虫学部，由部聘教授洪式闾任主任。1947年，奉教育部令其改组为寄生虫学研究所。[③]

① 苏文娟、张爱林：《抗战中的国立江苏医学院》，《南京医科大学报（社会科学版）》2015年第4期，第302-306页。

② 同上。

③ 同上。

中国预防医学研究所和医学研究所成员积极开展医学研究，实施寄生虫田野调查和现场诊治，开展中国人血型统计和研究，探求雄黄、马齿苋等传统药物治病机制，研发中成新药。1945年，寄生虫学部李非白教授、杨复曦技师的论文《蠕虫透明标本制作新法》(*A Medium for Mounting Parasitic Helminth*)发表在《自然》杂志第156卷上。不仅如此，预防医学研究所还研制出牛痘疫苗、霍乱疫苗以及霍乱伤寒混合疫苗，为解除民众疾苦、突破日军物资封锁做出了突出贡献。1942年8月，寄生虫学部成立之初即招收研究生，开创了学校研究生培养的先河。[①]

① 苏文娟、张爱林：《抗战中的国立江苏医学院》，《南京医科大学报(社会科学版)》2015年第4期，第302-306页。

东阳夏坝的科学家

东阳夏坝，坐落于重庆市北碚区东阳镇，原名东阳下坝。著名教育家、翻译家陈望道以"华夏"之"夏"重新命名下坝，改名为夏坝，寓意华夏之坝、青春之坝，以表复旦师生的爱国之心。夏坝之名因此流传下来。如今，在夏坝仍存有"复旦大学旧址"，以及为纪念复旦大学老校长李登辉而建设的登辉堂。同时，复旦大学在重庆办学期间，有很多的知识分子在此著书立作，进行自己的研究，取得了很大的成就，如陈望道、邓广铭、梅汝璈等。

一、复旦与东阳下坝

随着"八一三"事变的爆发，上海顿时成为中日交战之地。在国民政府教育部的指令下，上海复旦、大同、大夏、光华等四所私立大学准备仿效北大、清华、南开组建联合大学进行内迁。在筹集内迁款项期间，大同、光华因经费问题无奈退出，而复旦与大夏组建为复旦大夏联合大学，校长由复旦大学代理校长钱永铭、大夏大学校长王伯群担任。起初，根据命令，复旦大夏联合大学分为两部，第一部（又称第一联大）以复旦为主体，由复旦大学副校长吴南轩、大夏大学教务长吴泽霖领导，迁往江西；第二部（又称第二联大)则由大夏副校长欧元怀、复旦大学教务长章益领导,直奔贵州。

第一联大于1937年11月到达江西庐山,但随着12月日军逼近南京,第一联大决定由江西转战重庆,并在贵阳与第二联大汇合,一起搬迁至重庆。在此期间,复旦师生在宜昌遇到了著名实业家卢作孚。卢作孚是民国著名的实业家,其领导的民生实业公司在长江航运业中占有重要地位。此外,卢作孚十分重视教育以及现代化建设,复旦大学定居北碚与卢作孚支持教育发展以及其在北碚长期进行现代化建设有很大关系。

吴南轩亲自考察了许多地方来作为复旦大学的校址,包括成都、乐山等地,但均不理想。1938年,吴南轩来到北碚,一下子就被北碚吸引了,便打算将此处作为复旦校址。此时的北碚,在经过卢作孚长期的建设之后,不仅风景优美,而且经济、文化、教育、城市建设等亦有相当成果,被陶行知誉为"将来如何建设新中国的缩影"。同时作为国民政府规划的迁建区,北碚集中了很多的中央机关、科研单位、文化团体以及大专院校,但是唯独没有大学,这就更加坚定了吴南轩将复旦迁址到北碚的决心。吴南轩认为下坝为建校佳地,但此时的下坝刚刚被规划为工业区。为使这一宝地成为复旦的校址,吴南轩等人不断致电资源委员会表明利害,并积极联系卢作孚,以求帮助。卢作孚在接到吴南轩的电报后,再三权衡,最终于1938年2月14日致电林继庸(时任国民政府资源委员会工矿调整处业务组组长），写明“将北碚下坝让出校底一所，以为复旦大学永久校址”。[①]之后，吴南轩多次在公共谈话中对卢作孚的帮助表示感谢。吴南轩指出，复旦大学之所以能迁下坝，“得当地父老之助力亦殊多，尤以卢作孚先生最热心爱护，得迁北碚，卢先生之力居多”[②]。亦为此，在迁校下坝后，卢作孚被专门聘为复旦大学董事会董事。

1938年2月下旬，复旦大学的学生分批迁至重庆北碚。在安定以后，复旦大学抓住大后方人才密集的良机，竭力招揽各界名流来校任教，如曹禺、叶圣陶、方令孺、胡风、老舍、卫挺生、梁宗岱、初大告、赵敏恒、程沧波、沈百先、吕振羽、李蕃、任美锷、陈望道、叶君健、吴觉农等一大批知名学者应邀先后到复旦任教。

随着抗日战争的胜利，复旦大学由重庆迁回上海。在卢作孚等人的支持下，留在重庆的校友及相关人士在复旦大学原校址上建立了一所“相辉学院”。之所以叫相辉学院，一是为了纪念复旦大学创始人马相伯和老校长李登辉，从马、李二人的姓名中各取一字定为校名；二是为了延续复旦大学的办学精神。之后相辉学院并入西南农学院，后来西南农学院改名为西南农业大学，并于2005年与西南师范大学合并为西南大学。

---

① 刘重来：《1938年复旦大学迁校北碚夏坝》，《炎黄春秋》2018年第1期，第85页。

② 同上。

二、任教夏坝的科学家

科学是指以一定对象为研究范围，依据实验与逻辑推理，求得统一、确实的客观规律和真理，泛指一切有组织、有系统的知识体系，可分自然科学、思维科学、社会科学等。

抗日战争爆发后，有许多的知名专家、学者随高校西迁，之后受聘任教于重庆北碚的复旦大学。比如著名神经学家卢于道、生物学家张孟闻等。

1. 神经学家卢于道。

卢于道（1906—1985）早年毕业于南京东南大学，后赴美国留学，专攻神经解剖学，获解剖学科哲学博士学位。1930年回国后，长期从事神经解剖学的研究和教育工作。历任中央研究院心理研究所研究员、上海医学院教授、复旦大学理学院院长、复旦大学教授。抗日战争时期，积极投身于抗日民主爱国运动，主张团结抗战。

抗日战争爆发后不久，上海、南京等地相继沦陷，卢于道随中央研究院内迁，先到贵州任湘雅医学院神经解剖学教授，后到重庆，任中国科学社生物研究所、复旦大学生物系教授。在当时极端困难的条件下，除担任繁重的教学任务外，还继续进行科学研究工作。这一时期他发表的主要著作有：《活的身体》《科学概论》《脑的进化》等。

1941年秋，卢于道抵达重庆北碚，受中国科学社负责人、中美教育文化基金会秘书长任鸿隽的委托，任中国科学社生物研究所教授，兼任中国科学社代理总干事和《科学》

主编。国难时期，中国科学社发展情形江河日下，卢于道受命于危难之际，肩负着支撑科学社发展的重任。同时，他在研究工作上依旧保持着不竭的研究热情，主持开展了不同等级的哺乳动物大脑上的端脑、膈脑等脑区结构的横向比较研究。1942年，卢于道凭借在中国科学社生物研究所期间解剖黄鼠狼、狸猫、豹及大熊猫等动物的脑所累积的经验，著成《脑之进化》，获得国家自然科学二等奖。1942年7月1日，卢于道任《科学》编辑委员会的主编并着手《科学》的复刊。1942年秋，卢于道被内迁至重庆的复旦大学聘请为教授，于复旦大学开始漫长的教学生涯。[①]

1944年秋的一天，卢于道受邀在我党驻重庆曾家岩的新华日报社见到了周恩来。周恩来热情地接待了他，并和他像拉家常似的促膝谈心。周恩来对他说的第一句话是告诉他，他的两个妹妹在延安，很好。卢琼英在政校学习，卢芝英在鲁艺学习。接着和他谈了当前的政治形势，并介绍了延安的情况。周恩来知道卢于道在生物系任教，就着重与他谈了延安的农作物和延安的大生产运动。周恩来绘声绘色地给他讲着边区军民如何响应党中央、毛主席“自己动手，丰衣足食”的伟大号召，自己开垦荒地、种麦、纺纱，扭转了困难局面，使边区呈现一派欣欣向荣的景象。他还不时地从座位上站起来，用手势比画着，给卢于道形容麦子长得有多高、多好，解放区的日子有多红火，延安的革命者是多么的

① 钱燕燕、陈巍、郭本禹等：《格脑致“心”：卢于道与中国神经科学之发蒙启蔽》，《自然辩证法通讯》2019年第41卷第1期，第109-118页。

乐观、坚定……他还对卢于道说，延安很重视科技界人士，搞生产就离不开科学技术。卢于道激动地向周恩来叙述当年他的妹妹们去延安时的情景："延安是伟大的革命圣地，吸引着千百万爱国知识分子，当时我也想去，因种种原因未能成行，但我对延安无限崇敬。"这次谈话在卢于道的心里掀起阵阵波澜，从周恩来的话语中，卢于道恍然感到周恩来可能从内心里希望他能去延安，于是他立刻和家里人商量，该走什么路线才能去延安。虽然后来由于交通困难和其他种种原因，去延安的事搁了下来，但这次谈话却促成了卢于道思想上的一次飞跃。在以后的岁月里，无论遭受什么样的困难、挫折，周恩来的亲切关怀和谆谆教导始终支撑着卢于道积极投身中国共产党领导的抗日民主爱国运动，乃至以后的社会主义革命和建设事业，由一个爱国主义者逐步转变为热爱中国共产党、热爱社会主义的优秀知识分子代表。

1944年底，日军发动豫湘桂战役，桂林失陷，川黔吃紧，蒋介石集团中妥协气氛浓厚，法西斯统治变本加厉。在重庆的一部分文教、科技界人士许德珩、潘菽、劳君展、税西恒、黄国璋、涂长望、褚辅成等，对时局极感焦虑，对国民党消极抗战、压制民主的反动政策极为不满，遂发起组织"民主科学座谈会"，讨论民主与抗战问题，主张民主团结，抗战到底，发扬"五四"反帝反封建精神，为实现人民民主与发展人民科学而奋斗。卢于道和复旦大学的同事张志让、潘震亚、吴泽等经常参加民主科学座谈会。座谈会大体上每月举行一次，有20多人出席。后逐步演进为学术界的政治团体，改名为“民主科学社”。[1]

1945年9月3日，为纪念抗日战争和世界反法西斯战争的胜利，民主科学社又更名为“九三学社”，是为九三学社的由来。

1946年“五四”纪念日的下午，九三学社在重庆召开成立大会，公推褚辅成、许德珩、税西恒为主席团成员，由褚辅成致开幕词，许德珩报告筹备经过，税西恒报告社费收支情况。卢于道和王卓然、张雪岩、黄国璋等在会上发了言，一致提出：“武力不能求得统一，东北及中原的内战必须立即无条件停止，在政府根据政协决议改组之前，美国不应有援助中国的任何党派之行为，希望马歇尔元帅继续以公正态度，调处国共纠纷，实现全中国的和平民主。”会议通过了九三学社社章、宗旨、对时局主张以及致美国国会电文，阐明了当时九三学社对于建国的理想、途径，以及政治、经济、学术文化的主张，明确表示：“中国今日，舍和平团结，实无救济之策，而和平团结之能实现与否，端赖民主宪政之实施，故政治的民主与宪政之实施，实为救国要着。本学社同仁，愿在自己岗位上，作此种问题之努力，促其实现。”卢于道在大会上当选为监事、常务监事。[2]1946年夏，卢于道随复旦大学搬迁回上海江湾继续任教。

---

① 宁波市政协文史资料委员会编《群星灿烂——现当代宁波籍名人》，宁波出版社，2003，第95-96页。

② 宁波市政协文史资料委员会编《群星灿烂——现当代宁波籍名人》，宁波出版社，2003，第97页。

2. 生物学家张孟闻。

张孟闻(1903—1993),浙江宁波人。我国著名的动物学家,教育家,两栖类、爬行类动物学专家,我国生物科学史奠基人之一。1926年毕业于国立东南大学生物学系。1937年获法国巴黎大学动物学博士学位。同年回国后,历任北平大学农学院副教授,中国科学社生物研究所研究员,法、比、英、荷诸国博物院客籍研究员,浙江大学生物学系教授,复旦大学生物学系教授兼系主任,中国科学工作者协会上海分会副理事长兼代总会总干事与总编辑,黑龙江大学生物学系教授,华东师范大学生物学系及自然科学史研究所兼职教授。在动物学教学与研究及中国科学史普及方面成就卓著,著作等身。

1943年张,孟闻应国立复旦大学邀请,到重庆北碚复旦大学任教。一到重庆未进校门就被当时教育部部长陈立夫召见,要聘他为部聘教授送美国留学,当时资源委员会主任委员翁文灏也要派他去美国,而组织部部长朱家骅则要他到复旦去整顿三青团,动员他立刻加入国民党。而张孟闻一一拒绝了这些招聘,直奔北碚上课。他在北碚时撰写了诸如《中国科学史举隅》等学术著作,并任中国科学工作者协会北碚区负责人。

张孟闻于1945年始任《科学》总编辑,张孟闻接手《科学》后,立即编了一期《青霉素专号》。他根据自己此前搜集的大量有关英、美科学家从事青霉素研究的资料,撰写了《青霉素述论》一文。当时这种叫"盘尼西林"的比黄金还珍贵的“灵药”刚刚开始引进中国，故当介绍这一新药的《科学》专号甫一出版，立即售罄。他所主编的《科学》，除进一步报道先进的科学技术外，较注意科学家的社会责任和道义等严肃的问题，通过刊物开展有关的讨论，呼吁和平，主张民主自由。1947年，在他的主持下，该刊特辟“文献集萃”一栏，汇集了各方要求科学家担负道义责任的重要文章15篇，反映了世人要求将科学用于人类文明与和平的呼声。

张孟闻是英国著名科学家李约瑟博士的故交，1943年，他们在战时北碚的复旦大学相识。张孟闻在1942年为纪念中国科学社生物研究所20周年所作的《中国生物分类学史论述》一文，曾得到李约瑟的青睐。李约瑟在《中国科学技术史》第一卷导论的“致谢”中称“在生物学方面得到了张孟闻的帮助”，指的就是这篇论文。

在东阳夏坝，其实还有很多令人敬佩的科学家，比如顾毓琇三兄弟、童第周等人，他们面对国家大难，仍然不忘初心，在自己擅长的领域发光发热，为祖国取得抗日战争的胜利与人民的解放做出自己的贡献。向老一辈的科学家致敬！

顾毓珍与中央工业试验所

晚清以降，为实现“求强”“求富”的目标，许多有识之士将工业化视为“中国今后之唯一出路”，而“社会意识未能与工业相配合”，“必不能以单纯建设工厂为已足”，故翁文灏等认为，工业试验于工业化的重要颇为鲜明，因近代各种工业生产方法渐渐进步，我们所有东西要想进步，非着重试验不可，所有工业品如果要想变化得更标准更合理，就要有个机关专心去研究、试验、制造，然后各方才有所适从，同时应使这工业试验工作工厂化。有鉴于此，一批杰出的工程技术专家在艰难的环境下，通过艰辛的探索，使中国工程技术不断取得进步。在这些早期的探索者中，顾毓珍即其中之一。抗日战争前后，顾毓珍领导的中央工业试验所进行的一系列工程技术试验，为改进大后方工业，推进相关产业的发展，做出了突出的贡献。

一、中国化学工程领域奠基人顾毓珍

顾毓珍（1907—1968），字一真，江苏无锡人，是我国近代著名的化学工程专家，中国液体燃料与油脂工艺研究的开拓者，中国流体传热理论研究的先行者。1927年毕业于清华学校并赴美留学，1929年获美国麻省理工学院化学工程科学学士学位，1932年获该校化学工程科学博士学位。1933年学成回国，担任过金陵大学、复旦大学、北京大学等校的教授，还曾任国民政府实业部欧美“工业调查员”。抗日战争时期，就任经济部中央工业试验所技正兼油脂实验室主任和油脂试验工厂厂长。抗战胜利后，任中央工业试验所所长时，一方面筹划恢复京沪工业试验机构，另一方面竭力维持原有的四川及西北工业试验机构，并努力开展华北工业试验，联系台湾工业研究所，力图健全中国工业研究网络。

在长期的理论学习与工业实验中，顾毓珍在化学工程研究方面成就显著。其专著《液体燃料》《化学工程计算之理论与计算公式》，被大量的美国化工书籍、杂志引用；作为中国近代仅有的油脂工业专家，他的有关植物油压榨的理论、公式等学术论文亦被美国油脂工业书籍作为重要资料。抗战期间，顾毓珍从事活性炭的制造，协助大后方进行了防毒面具的设计；他发明的高浓度酒精制造工艺解决了大后方汽车燃料的困难；他还利用国产原料作为电木原料的代替品，以供应大后方塑胶工业的原料。

新中国成立后，顾毓珍曾任上海同济大学、复旦大学、华东化工学院教授和化学工程教研组主任，兼任上海市化学化工学会副秘书长之职。由于其在中国化工工程领域的卓越贡献和巨大影响力，被选为上海市第二、第三届政协委员。1956年，顾毓珍加入“九三学社”，1968年，顾毓珍于“文革”中受迫害致死。1987年，党和政府为之平反昭雪，被追认为烈士。

顾毓珍将毕生精力献给了中国早期化学工业的发展和化工人才的培养上，他在中国早期化工领域具有巨大的影响力，为我国早期化学工程的发展曾做出过巨大的贡献，是中国化工领域当之无愧的奠基人之一。

二、顾毓珍与中央工业试验所

中央工业试验所是民国时期全国最大的工业研究试验机构。为推动国内工业发展，1928年，孔祥熙呈请国民政府筹设工业试验所，1930年7月5日，中央工业试验所正式成立，其隶属于工商部，由徐善祥任所长，所址设在南京水西门外原江南造币厂旧址。

成立之初，中央工业试验所下设化学和机械两个组。化学组包括分析、酿造、纤维、窑业4个实验室；机械组设有小型机械工厂，内分木工、锻工、技工等各室。1930年12月，工商部撤销后，中央工业试验所改隶于实业部，由吴承洛、欧阳仑、顾毓瑔先后任所长。中央工业试验所成立后，其规模不断扩大，到全面抗战爆发前夕，已拥有技正、技工、技佐、秘书、事务员、学习员、练习生等职员60余人，汇聚了许多中国工业界的精英人才，包括中国流体传热理论奠基人顾毓珍、热能动力工程学家陈学俊、金属物理学家和航空材料专家颜鸣皋等。由于人才的聚集，中央工业试验所各项事业不断发展。

全面抗战爆发后，在爱国实业家卢作孚的帮助下，中央工业试验所于1937年11月迁至重庆，所中大部分仪器、图书等安全运抵。内迁之初，中央工业试验所积极开展重建工作，在卢作孚的安排下，该所借用北碚中国西部科学院大楼办公，又在重庆市上南区马路194号设立总办事处。此时，中央工业试验所总办事处下设秘书、文书、会计、庶务、出纳、工业经济研究6个机构。后来，中央工业试验所对总办事处进行机构调整，设置秘书、技术、事务、业务、会计及人事。内迁重庆后，中央工业试验所还陆续在北碚、盘溪等地购地建房，供各实验室和实验工厂使用。

抗战前，中央工业试验所进行的油脂试验工作属于化学组中特种实验室范围，在特种实验室未成立前，此项工作，则由化学分析室或化学组兼理。抗战时期，为解决战时油料供应困难问题，1938年3月，中央工业试验所在北碚正式成立油脂实验室，由顾毓珍负责主持。至1940年，油脂实验室对油脂样品检验数量较战前剧增（1938至1940年三年间的检验样品数量等于以往7年之和），对大后方油脂工业的指导与推广工作发挥了重要作用。战时，顾毓珍主持的油脂实验室进行的研究实验、技术推广工作与大后方工业发展之迫切成正比例。顾毓珍领导的中央工业试验所油脂实验室在榨油基本原理、改良土法榨油方法、植物油提炼液体燃料的试制、动力酒精研试以及高浓度酒精制造方法等方面取得了卓有成效的贡献。

三、顾毓珍在中央工业试验所的主要成就

从1930年开始，顾毓珍即从事于流体力学及传热研究。1930年，他在美国麻省理工学院学习时，即跟随麦克阿姆斯教授研究这一专题。他的毕业论文《水在圆管中流动时的传热机理研究》曾发表在美国《化学工程学会丛刊》上，其中有关圆管中的流体阻力公式，在相关文献中被称为“顾氏公式”。他在博士论文中提出的流体在管内流动时的摩擦系数与雷诺数的关联式，得到国际学术界的公认，并被广泛采用，且美国化学工程手册上也引用了这一曲线和公式。此外，他还对流体速度分布湍流时的动量传递与热量传递等方面的问题有较深的研究。在抗战艰难的环境下，顾毓珍供职的中央工业试验所油脂实验室，为大后方工业建设做出了巨大的贡献。尤为瞩目的是，其改良土法榨油、植物油提炼液体燃料的试制以及大力推广人造丝技术等活动影响深远。

1.改良土法榨油。

顾毓珍认为，当时各地土法榨坊中所采之方法及榨床与明代宋应星所著《天工开物》中所载之法并未改进。这是我国植物油工业数千年来仍停滞于手工业状态的主要原因，同期欧美各国植物油提取皆采用水力压榨机或溶剂抽提机，其效率之高，土法无法比拟。全面抗战时期，由于大后方无制造水力压榨机等的工厂，该类机械依赖国外进口，而战时国外新式压榨机输入困难，故我国植物油生产90%仍赖土法

榨坊，这些油榨作坊作为农村副业散布于乡村，因而植物油工业的改进不得不求土法榨油方法的改良。在顾毓珍的倡导下，改良榨油的实验结果和改良方法，在大后方不断推广，促进了大后方油榨业的改进。

战时，为改良大后方榨油方法，中央工业试验所还会同农本局、中央农业实验所筹设了“改良土法榨油训练班”，培养专门人才，经过训练的学员深入乡村油坊实际指导改良工作。为收速效起见，中央工业试验所在川东产油区域，如合川、万县等处划分了许多改良榨油实验区，然后在大后方推广。由此，达到了中央工业试验所解决工业问题的三步骤：研究—改良—推广。

2. 植物油提炼液体燃料的试制。

顾毓珍曾在《解决中国液体燃料问题之商榷》一文中用图、表相结合的方式清楚地呈现了1924—1934年我国液体燃料的输入情况，其中的统计数字显示当时中国酒精渐能自给，而液体燃料供给不足。因石油需要大量从国外输入，造成了严重的财政困难，且此等液体燃料在战时为军舰、潜水艇、飞机、坦克车、军用汽车及运输上所不可或缺的必需品，是国防的重要资源，对整个国家存亡有更密切的关系。面对这一问题，顾毓珍认为解决我国液体燃料问题的可能途径主要有六项：油页岩之蒸馏；植物油之利用；煤之氢化（附低温蒸馏）；酒精代替汽油；木炭（或他种固体燃料）代替汽油及其他替代品。其实，顾毓珍早在1934年就认为“以我国之优越农产情形，若能谋其利用之道，以补石油矿之不足，实尽善尽美之计”[1]。他指出“我国石油储量，迄今所知甚少。即在欧美，亦将有用尽之恐慌。植物油价格虽贵，所提出之汽油，固不能与石油矿中之汽油相竞争。然石油矿有时而尽，一旦告罄，则汽油之来源断绝。故以生产无穷之植物油，制成汽油，实为最有价值之代用品”[2]。在中央工业试验所内迁重庆后，顾毓珍开始进行液体燃料代用品的研究工作，在《中国实业》及《实业部月刊》上发表了有关人造丝、酒精代汽油、大豆工业、油脂工业等方面的论文及调查报告20余篇。通过大量实验，顾毓珍创造了循环连续式氯化钙法制造高浓度或无水酒精技术，并获得了专利权。

3. 大力推广人造丝技术。

民国以来，西方人造丝大量在中国倾销，仅1929年西方就在中国倾销人造丝达34，700，000元，对中国传统丝织业造成极大冲击，为挽救濒危的丝织业，顾毓珍认为创设人造丝厂，刻不容缓。为此，顾毓珍开始向国内业界系统介绍了国际流行的氮化纤维质法、硇精氧化铜法、黏液丝法和醋酸基丝法生产工艺。到1936年，顾毓珍认为中国欲举办人造丝工厂，应尽量采用黏液丝法，因中国已有的纱厂每年产生的报废棉花很多，是人造丝厂的重要原料，同时此生产法所采用的苛性钠、二硫化碳、硫酸也容易采购。另外，江苏的昆山、苏州、无锡等地水质适宜，建厂所需的投资四五百万元，容易筹集。因而，中国适宜建厂。全面抗战爆发前，顾

① 顾毓珍、郑栗铭：《菜子油制造汽油试验第一次报告》，《工业中心》1935年第4卷第1期，第64-69页。

② 同上。

毓琇还赴日本考察人造丝工业,更增加了其进行相关技术推广的紧迫感。在顾毓珍等的大力支持下,1936年无锡人造丝厂设立,在其带动下,云南、广西等地,亦采用人造丝织成土货冟头进行销售,我国人造丝产业开始起步。在全面抗战时期,顾毓珍为推进大后方人造丝产业发展,还主持了丝用肥皂实验,他领导的油脂工厂采用花生油、橄榄油为原料生产的肥皂,推广到各丝绸染炼工厂,受到欢迎。为推广其技术,他公开出版了《肥皂工业》一书,系统介绍了此类肥皂的生产方法。

顾毓珍通过中央工业试验所与中国化学工业结下了"不解情缘",特别是在我国生物燃料研究及化工实业开发领域,为我国油脂化学和化学工程学的创立和发展做出了巨大贡献,他被称为中国在该领域的开创者和奠基人。1988年,顾毓珍之弟顾毓琇教授第5次回国访问时,在清华大学创议建立了"顾毓珍奖学金"。他成立该奖学金的目的是警醒后人不忘前人之成就,让顾毓珍先生为科学、工业、国家贡献的精神长留青史。

天生桥边的中央农业实验所

中央农业实验所，简称“中农所”，其前身是1931年建立的“中央农业研究所筹备委员会”，由穆湘玥、钱天鹤担任正、副主任。之后在戴季陶的提议下，改“研究”为“实验”，表明该所不仅仅是进行理论的研究，亦非常注重农业上的实践。

一、中农所的成立与变迁

1932年，中农所正式成立，隶属于实业部，首任所长谭熙鸿，陈公博、谢家声也先后担任该职务。中农所下设植物、动物、农业经济三个组。除此之外，中农所还设有实验室、花房、图书馆等，为该所此后的发展奠定了基础。

随着1937年8月13日日军进攻上海，中农所被迫向西部迁徙。起初，中农所迁徙到长沙，并建立办事处。但随着华中地区亦被卷入战争，中农所再次准备迁徙。这次，它把目光投向了广饶的西南地区。在经过商议后，中农所兵分两路，一部分前往桂林、柳州，一部分前往贵州、四川。

1938年1月，为适应战时需要，国民政府进行机构调整，将实业部改为经济部，下设农林司，专门负责农桑、林业、渔牧、棉业、农业经济、农村合作事宜，并将中央直属各农业机关和各省棉产改进所都并入中农所，以总理全国农业改进工作。

1938年1月，中农所奉命迁往重庆，最初在千厮门水巷子租赁民房办公，后又改租江家巷。11月，又因日机轰炸重庆，中农所又计划迁乡间躲避。1939年2月，中农所所辖人员被分别派往各省协助当地农业发展，而中农所则迁往四川荣昌。荣昌也成为该所的技术研究实验基地。

1940年7月，国民政府成立农林部，专门负责农事生产，而中农所则改隶属于农林部。同年11月，中农所在荣昌设总场，并进行农事试验。为加快推行农业发展，中农所负责人沈宗翰便向农林部建议在北碚筹设规模较大的农场，将中农所人员集中于一处，恢复南京时期的状态，将中农所建设成为西南农作研究改进工作的中心。而沈宗翰之所以选择北碚，是因为北碚附近产稻麦杂粮等食用作物，油桐、桑、茶、棉、麻等经济作物，以及柑橘等果树，适宜建设西南试验总场；同时，在卢作孚等有志之士的长期建设下，北碚地区的基础设施建设日趋完善，水电设施齐全，可以满足中农所杀虫剂研究制造和土壤肥料分析研究的需求。加之北碚学术氛围良好，有中研院气象研究所、动植物研究所、中国科学社生物研究所、中央地质调查所等机构，水陆交通便利，是建立永久所址的理想地点。于是，中农所在北碚天生桥附近勘定田地350亩，建设农场、田地、房舍，并于1942年7月正式从荣昌迁往北碚。

中农所迁到北碚时，中农所的许多房屋尚未竣工，因此中农所的办公室和实验室除小部分入住自建房舍，大多分散在北碚市区。农场和图书馆距离天生桥较远，给研究工作带来诸多不便。同年12月中旬，中农所借用北碚中国地理研究所所址，举行了抗战西迁以来的首次年会。此次年会确定了中农所在全国农业建设中的使命，即“以科学方法，研究实验农业改进之理论与实施，以增进生产，而利运销”，并确定了今后的中心工作和推进办法。

此外，年会还规定中农所今后的工作以全国为对象，除集中在北碚天生桥，分区工作仍需积极推进。其工作据点在西南各省有湄潭、贵阳、咸宁、草坝、开远、成都、西充、遂宁；在华中有长沙、耒阳、邵阳、常德、芷江；在西北有武功、兰州、泾阳；在华南有沙塘、桂平；在华北有安阳、灵宝、洛阳、南阳。

全面抗战爆发后，华北、华东地区相继沦陷，农业资源损失惨重，大后方农业落后。而中农所的重要使命便是将其建设成为中国抗战事业的粮仓，其长远目标是推动中国农业的科学化和现代化发展，眼前目标则是运用科学的方法增加农作物产量，以供应军需民用，支持长期抗战。

二、中农所的科研活动

1.稻作的育种与推广。

中农所进行的水稻育种试验可分为纯系育种、杂交育种和西南五省中籼区域试验，其中双季稻和再生稻的推广尤为重要。内迁后，该所便在四川推广再生稻，并将双季稻引入云南开远。赵连芳等在四川、湖南成立水稻育种场并鉴定地方水稻品种。不久，这种区域试验就遍及大后方各省。

此外，1940年上半年，中农所协助湖南省推广水稻良种，采取直接贷种、留种换种、特约繁殖三种方式进行推广，在衡阳、郴县、零陵、耒阳、邵阳、常德、澧县等15县推广黄金籼、万利籼、胜利籼等稻种，在常德、澧县、安乡推广再生稻。同年下半年，中农所又开展了一系列稻作试验，比如在成都举行早籼及中籼区域比较试验；在柳州举行西南五省中籼区域试验等。

2. 麦作育种与推广。

小麦生产区域分布及育种研究是中农所长期开展的项目之一。内迁之初，沈骊英在成都平原试种25H122号小麦，产量丰硕，抗倒伏、抗病力强。1939年，由四川农业改进所在四川进行大规模推广，命名为“中农28”。为此，沈骊英还专门撰写了《中农二八小麦之改良经过》一文，发表在《农报》上。此后，沈骊英在四川继续进行小麦杂交研究，根据历年各地试验结果选出9个品种，这些品种的小麦的亩产量对比普通小麦有大幅度的提高；适应力强；抗病能力强，能够抵抗叶锈病、黑穗病等麦作疾病。因此，“中农28”很快便成为优良麦种在大后方得到推广。

3. 棉花育种与推广。

中国棉花种植区域主要集中在黄河流域、长江流域和西南地区，各地因自然环境不同而品种各异。1940年，中农所分别在四川遂宁、简阳，云南草坝，陕西大荔、泾阳、武功，河南洛阳、灵宝进行中美棉育种与栽培试验，并协助四川农业改进所在射洪、三台、绵阳、德阳、广汉、金堂、遂宁、武胜、万县、梁山、丰都等57县，推广中美两国棉种。此外在陕西郃阳、大荔、华县、渭南、武功、眉县、富平等地推广斯字棉，仅1942年便推广种植20万亩。

除此之外，中农所副所长沈宗翰也主持进行木棉改良。1938年8月，沈宗翰发现开远木棉是多年生长的绒棉，抵御水旱能力强，于是便与该所技正冯泽芳进行实地考察，认为开远木棉具有推广价值。在云南省棉业处的帮助下，沈宗翰收购木棉种子，在开远、蒙自、元江、广南、龙陵等地推广。后经中农所改良，木棉绒长细白整齐，可与埃及棉媲美。

4.蔬菜、马铃薯的培育。

中农所向来重视蔬菜作物的研究，特别是在中国生长范围较广的苋菜类、蔓生植物类，对蔬菜的营养价值、生产费用等也做过较为深入的探讨。1943年，中农所成立园艺系，专门进行蔬菜的育种与改良。除了对中国土产的萝卜、甘蓝菜的培育，中农所还从美国、印度等国家进口番茄等蔬菜，在北碚和成都试验农场进行种植。

马铃薯是中国最重要的作物之一。自16世纪传入中国，马铃薯已在西北各省得到广泛种植，成为当地居民的主要食粮，而在其他省份则多被当作蔬菜。对马铃薯的改进，不仅关系到抗战期间的军粮民食，更关系到中国的农业前途。美国农业专家戴兹创在北碚工作期间，与中农所技术专家共同讨论，拟定了全国性的马铃薯生产计划，并在推广比较后，最终选出了4个优良品种，由中农所与成都的四川农业改进所合作推广。对于戴兹创的工作，中农所给予了很高的评价，认为他"不分畛域，竭诚协助我国粮食增产，其服务精神，至堪钦敬"。除此之外，中农所还在华中、西南、西北各省搜集本土马铃薯品种，在各地进行试种。

5.农作物病虫害的防治。

抗战时期，中国粮食紧缺，民众食不果腹，要取得农业增产，推广良种与防治病虫害，二者缺一不可。内迁之后，防治农作物病虫害便成为中农所的主要工作之一。

自1938年至1939年间，中农所通过直接和间接的方式帮助四川地区的人民消灭害虫，比如1938年在成都等地指导农民消灭螟虫；1939年则通过编制教材等方式发动了一场规模宏大的治螟宣传。至1940年，几乎完全消灭了螟害。

1940年至1941年，中农所的害虫防治全面推行。在川、陕、湘、鄂、桂、赣六省进行仓虫防治的推广和试验，训练仓储技术管理人员760余名。同时针对各地不同特点进行重点解决，比如协助川、陕、滇、黔各省用碳酸铜粉拌种、温汤浸种、草木灰液浸种等方法防治小麦线虫病；而在华阳、金堂、广汉、德阳等四川11县，则用松碱合剂防治柑橘红蜡蚧壳虫。除此之外，中农所还进行杀虫剂和杀虫器械的制造。

总之，中农所作为民国时期中国农业技术研究的最高机关，在中国近代农业史上占有极其重要的位置。抗战时期，中农所几经辗转，所内科研人员克服日机轰炸、经费紧张、物资短缺等困难，坚持工作，在稻作、麦作、棉花、蔬菜、马铃薯的培育与推广以及农作物病虫害的防治方面取得了杰出的成就，为战时中国农业发展和近代中国农业的科学化做出了重要贡献。抗战时期的中农所不是一个庞大的农业机构，却是农学专家最为集中的机构，它的研究工作兼顾理论与实践，不仅与各地方的农业机构建立了密切合作关系，同时也深入田间地头，与农民密切联系，其研究人员的足迹遍布西南、西北、华中各地，为战时中国农业建设做出了杰出贡献。

李善邦在北碚制作中国的第一台现代地震仪

李善邦先生是我国著名的地震研究专家，是我国地震科学事业的开创者。1902年，李善邦在广州兴宁出生。1925年从国立东南大学(现南京大学)物理系毕业，先后在南京和广东兴宁的中学任教。

当时地质调查所正在筹备兴建自己的地震台。1929年，当时北平的名律师林行规将自己在北平西山别墅旁的地捐献给地质调查所作建设地震台之用，地质调查所又争取到了中华文化基金会的资助购买仪器，此时地震台的建设已经基本成型，场地和仪器都已具备，就差懂仪器使用和负责监测的人员了。经叶企孙先生介绍，李善邦于1929年底到地质调查所准备从事地震工作。当时的地质调查所所长翁文灏先生介绍李善邦到上海徐家汇地震观测台学习，以便尽快熟悉地震观测工作。上海徐家汇地震观测台是由法国天主教会创办的，负责的台长是意大利龙相齐，他态度傲慢，认为中国人根本研究不了地震，所以也并不真心教导李善邦，只是让他做些很基础的操作，专业的地震学知识和问题都避而不谈。但李善邦并没有放弃，经常借书自学，自己研究。

1930年6月，李善邦回到北平开始组装从德国买到的最新维开式(Wiechert)地震仪。刚开始组装好的地震仪不能正常运作，经过多方请教和大胆调试，李善邦终于调试好这台进口的地震仪，并于1930年9月20日记录到了第一次地震，鹫峰地震台正式运转，中国有了第一个地震台。地质调查所认为中国地震研究事业可以继续发展，便成立了“鹫峰地震研究室”，又申请了经费相继添置了伽利津——卫立蒲(Galitzin—Wilip)电磁式垂式地震仪和水平向地震仪一套，这是当时世界上最先进的地震仪器。1930年9月，鹫峰地震台的仪器陆续投入使用，并专门设立了《鹫峰地震专刊》，把每个月记录到的震相都刊登在专刊上，将记录到的地震数据与世界各地的地震台交换。到1937年7月，鹫峰地震台共记录了2472次地震。为发展我国的地震观测和研究事业，李善邦作为地震研究室的主任经常被派到国外进行学习与交流。

在当时的条件下，鹫峰地震台在仪器装备、管理水平、记录质量等方面都处于世界一流地位，加上亚洲地震台较少，观测结果和研究报告很受世界同行的重视。然而随着1937年7月全面抗战的爆发，鹫峰因断电无法开展工作。此时的李善邦因出差未在北京，无法前往鹫峰地震台转移仪器，鹫峰地震台的地震仪及天文钟等仪器只能由当时留在鹫峰的一位技术员拆卸装箱后运送到燕京大学物理系地下室保存。李善邦则只能顺应当时的形势，带领地震研究室的人员跟着地质调查所从南京迁往长沙，后又迁到重庆北碚继续工作。

因为战时需要，物理探矿成为地震研究室战时的主要工作，地震研究室也改名为地性探矿室。但李善邦还是放不下原本的地震观测与研究。1941年,李善邦开始着手恢复当初的地震观测工作。但因战时条件有限,战前鹫峰地震台的仪器没法跋山涉水转移到西南的北碚。当时中国与外国的交通又几乎被全部切断,欧洲战事激烈,想要再从国外购买地震仪器几乎不可能实现。为恢复地震观测记录工作,李善邦就想着自己制作一套地震仪。战时各种资源短缺,材料工具都不能及时获得,设计出来的地震仪只有就地取材。李善邦只能在地质调查所附设的小仪器修理工场,利用仅有的一台车床和小台钻制作地震仪所需的配件,有时还到北碚街上的旧货摊淘废旧物品进行改造。最开始在制作零件器具的时候,尚还有北碚的大明染织厂可以供应车床用电,但当大明染织厂的电力也感到不足,停止给地质调查所供电后,他们就用石头磨盘当作飞轮,用人力摇动的方式来转动车床制作地震仪所需的零件。当时敌机还时常会轰炸,制作地震仪的工作时常停顿。据李善邦自己的回忆:

> 工具短拙,自不待言,又适值国家最艰苦之时,材料与工具俱感十二分困难;且敌机轰炸频繁,日驱吾人于防空洞,精神疲惫,无有甚于此时者,以致制作效率,极度低减,历时甚久始告完成。而一套记录器机件,犹无法解决。当时公私工厂,均忙于战具制作,无可委托者。历尽艰难,率用费钟零件拼凑,作成推动机,以供一时之需要。虽行动不能十分匀称,但既可应用矣。惟专为此用之标准钟于此时绝对不能购得,又不能自行制造,只得用普通闹钟加于分时通电设备以得分时记号于纪录之上,然后

用测量经纬度用之标准表及无线电报时信号以改正之。如此可以勉强测准至于三秒，虽远不如鹫峰时代之精确，而已极此时之能事矣。①

当时为了恢复地震观测工作，李善邦等人可以说是克服一切艰难困苦，利用了一切当时可利用的资源。终于功夫不负有心人，李善邦在1942年冬天制作成功一台水平摆式地震仪，并在当年的地质学会成立二十周年的纪念会上展出。这台由中国人用简单的器具制造出来的不简单的仪器最初被命名为“霓式地震仪”，用以纪念中国首先调查地震并倡导地震研究的翁文灏（字咏霓）。这台地震仪在1943年6月观测并记录到了成都附近的地震。不久之后，另一水平分量部分也被制作出来。李善邦本来想再制作测量垂直分量的部件，但因确实无法凑齐制作器材而作罢。这台霓式地震仪从1943年8月正式投入使用后，还曾记录到远在北碚六千多千米外的土耳其地震。这一年，在有了地震仪的情况下，原地震研究室的《地震专报》也开始恢复印行。到1945年抗战胜利之时，地震研究室利用该仪器共监测到了109次地震。李善邦将这些地震记录编成报告，与国际地震中心进行资料交换，填补了欧亚大陆广大地区地震观测的空白，受到了国际地震学界的重视。战时曾到访北碚的英国著名学者李约瑟曾见过李善邦与他所研制的地震仪，对地震仪大加赞赏的同时，也被李善邦为科学无私奉献的精神所打动。当他提出

① 李善邦：《三十年来我国地震研究》，《科学》1948年第30卷第6期，第164-165页。

要为当时已经瘦骨嶙峋、营养不良的李善邦提供生活上的补助时，李善邦却只向李约瑟要了研制地震仪所需要的紧缺零件。李约瑟回国后的确也托滇缅远征军将制作地震仪的一个重要零件空运到了重庆，送到了李善邦的手里。

1946年，地质调查所相继复员回到南京，这台霓式地震仪被迁到了南京地质调查所的研究室中，并被改名为I式地震仪。1947年2月开始继续记录，并续接北碚的地震序号（自110号开始）。因为当时地质调查所在南京的所址为珠江路东段，有个地名为水晶台，所以这里被称为水晶台地震台。之后地质调查所又收到了台湾地震厅赠送的3台地震仪，战前存放在燕京大学的原鹫峰地震台的伽利津——卫立蒲地震仪也被运到南京，加上原本的霓式地震仪，五台地震仪一起工作，使当时的水晶台地震台基本达到了世界一流水平。

1951年，霓式地震仪（I式地震仪）被再次改进，并用年份命名为51型地震仪。随着我国物质条件水平和科学技术的发展，这台中国自制的第一台现代地震仪已完成其使命，退出历史舞台，被存放在已整修的鹫峰地震台作为纪念陈列，以供后人参观。

“中国第一龙”在北碚组装与展示

1935年，地质调查所随国民政府迁往南京，留下新生代研究室等部分在北平成立分所。杨钟健所在的新生代研究室主要在北平周口店进行化石发掘与研究。但随着战争的深入，淞沪会战上海沦陷后，地质调查所离开南京，相继迁往长沙和北碚，并安排一小部分人前往昆明和桂林建立办事处。原北平分所的杨钟健奉命前往昆明组织成立办事处。主要进行古生物研究的杨钟健与卞美年、许德佑一行人从广西南宁经越南谅山进入云南，于1938年7月到达昆明。

战时地质调查所的工作重点是矿产资源的探查。1938年的冬天，昆明办事处的卞美年外出到元谋、禄丰等地进行野外调查，本意是想要寻找红色岩层中有用的矿产。在返回昆明时经过禄丰境内一个叫作沙湾的小村庄时，无意中发现了大批脊椎动物的化石，卞美年认为这些化石有助于认识云南等地红色岩层的年代问题，所以就地进行了小规模的采掘并带回了一批脊椎动物化石。经过初步的整理，杨钟健和卞美年发现这些化石都是恐龙化石，而且还是奇怪的恐龙，和在中国其他地方甚至国外所找到的一般的恐龙大不相同。出于对古生物的敏感和研究的本能，1939年，杨钟健与卞美年再次前往禄丰采集化石，进行更进一步的研究。在这个西南边陲的小村庄里，他们忘我地投入工作，每天以干粮为食，历时一个多月，收获了很多化石标本，还有许多较为完整的骨架。经过这两次的发掘和研究，他们最终认定这个不一样的恐龙是一个新属种。战时后方相关的古生物资料较少，在对这些化石的整理和研究时缺少参考，幸而有德国许耐教授、布罗里教授、英国瓦特生教授和南非步龙教授提供帮助，尤其是许耐教授，除了寄送了许多相关刊物外，还将他已绝版的著作赠送供杨钟健一行人进行参考研究。因此，杨钟健在为这些在禄丰发现的新属种命名时，特意加上许耐教授的姓氏，以此作为感谢。这就是“许氏禄丰龙”名字的由来。为纪念“许氏禄丰龙”的发现，杨钟健还特意题诗一首：

千万年前一世雄，
赐名许氏陆丰龙。
种繁宁限两洲地，
运短竟与三叠终。
再造犹见峥嵘态，
像形应存浑古风。
三百骨骼书卷记，
付与知音究异同。[①]

卞美年作为最早发现禄丰龙化石的人，全程参与了禄丰龙化石的发掘整理和研究，所以他对禄丰龙也极为熟悉。他曾发表文章描述禄丰龙的形态：

① 杨钟健：《杨钟健回忆录》，地质出版社，1983，第109页。

这只恐龙的身长，从头至尾，有一丈五尺余。对于它，有几点可以注意。(一)头的大小，与它呆重的身体比较起来，有点小得可怕。它的脑量，还没有小孩子的拳头大，这就是它不能继续生存的主要原因。(二)前腿比后腿短得多，尾很长，由此可以想象到当它尚在世称霸的时候，只用后腿跑路，停下来的时候，就用尾巴一撑，如同平常照相所用的三脚架一般。[①]

虽然禄丰化石不是杨钟健发现的，但作为当时国内首屈一指的脊椎古生物学家，他在禄丰化石的研究上取得了很多成果。1940年秋，地质调查所昆明办事处因故被裁撤，杨钟健带着一箱箱标本来到北碚总所，在地质调查所新建的图书馆内继续进行禄丰化石的整理和研究，终于在1941年完成并出版了《许氏禄丰龙》一书。

许氏禄丰龙的发现在古生物学上有非常重要的意义。因其是当时中国发现的第一架年代最为久远，保存最为完整的恐龙化石，所以素有"中国第一龙"的称号。杨钟健曾这样描述过许氏禄丰龙的科学意义：

就年代言，以前所发现者，均为白垩纪或稍古者。而此次的发现者，为三叠纪，为中国首次发现最老之恐龙化石。就保存状况言，以前发现者，除有比较完整者外，大半破碎，或只局部保存，而此次所发现，其完整程度，远在以前各次发现之上。且有许多个体共生，尤为珍贵。就

① 卞美年：《滇禄丰恐龙发掘记——一千五百万年万前的走兽遗骸》，《新科学》1939年第1卷第4期，第712页。

> 种类言，除了蒙古发现有肉食类恐龙六七种，其他皆为蜥脚类，而蒙古之各肉食类，多为破碎不完者。故禄丰之恐龙化石，实为年代最古，保存最佳之肉食类恐龙，远非其他已发现者所可比拟，而此等化石发现地在中国西南部之云南，在云南实为第一次，地理上之意义，更为重大。[①]

许氏禄丰龙的发现引起了国内外的广泛关注。1941年1月5日，中国地质学会借用北碚文星湾地质调查所举行丁文江逝世五周年纪念会，会后杨钟健报告了关于禄丰龙的采集和研究情况。1月6日至8日，重新装架复原的禄丰龙在地质调查所进行了公开展览。禄丰龙的展出在当时社会引起了极大的轰动，不仅学术界感兴趣，政府也组织职员参观，还有很多民众到地质调查所一睹“龙”这种神秘生物的风采。当时北碚的《嘉陵江日报》连续几天对许氏禄丰龙的展览盛况进行报道，“实验区署及所属各机关全体职员，于昨晨整队前往参观”[②]“许氏禄丰龙化石在地质调查所公开展览三天，重庆学术界特前往参观者，络绎不绝”[③]“经济部中央地质调查所公开展览许氏禄丰龙以来，前往参观者，每日不下四五百人，甚为拥挤”[④]。民众前往参观，除了有对禄丰龙的好奇外，还因中国人一直以来对龙的崇拜之情，加上这条两亿多年前的龙，在中华民族生死存亡之际被发现，人

① 杨钟健：《禄丰恐龙化石发现之经过及其意义》，《科学》1939年第23卷第11期，第695页。

② 《嘉陵江日报》，1941年1月7日。

③ 《嘉陵江日报》，1941年1月10日。

④ 《嘉陵江日报》，1941年1月12日。

们不免联想，认为这条龙是上天派来拯救我们的祥瑞之物，甚至有民众来参观时，还对着禄丰龙磕头上香。就连当时的教育部次长顾毓琇都秉持禄丰龙的发现预示祥瑞的想法：“此种收获为世界考古学家所歆羡，一以证中国学术界，于抗战时期，从未懈怠于工作；二则示兆，宜以此龙为今年胜利之龙耳。”[1]

巧的是，就在禄丰龙展出结束不久，北碚名医马金堂在金刚碑发现了一块恐龙脊椎骨，也送到了地质调查所由杨钟健修理研究。禄丰龙的展出和此次恐龙脊椎骨的发现让北碚成了重庆最早发现和研究恐龙的地方，北碚从此与恐龙结下了不解的情缘。

①《新民报》，1941年1月7日。

“森林之父”郝景盛在碚植树造林

素有“重庆后花园”美誉的北碚，森林覆盖率高达48.68%。北碚生态环境优美，绿化率高居重庆九个主城区之首，曾获得“国家级山水园林城区”“全国造林绿化十佳城市”等称号。提到这些荣誉，人们不难想到卢作孚种植行道树、修建园林的举措，却少有人知道“森林之父”郝景盛对北碚造林的贡献。若没有郝景盛，今天的北碚也许不会成为现在的“绿色王国”。

一、郝景盛其人

郝景盛(1903—1955)，字健君，1903年6月18日出生于直隶(今河北省)正定县西柏棠村一个农民家庭。幼时读过两年私塾，后务农到17岁，才到县城上高小。不久升入河北省立第七中学。1924年由校长推荐到日本占领下的旅顺工科大学学习。为求强国富民之道，他选学造船。

郝景盛像

1925年上海“五卅”惨案后，他参加反日学生运动。同年考入北京大学预科，后入生物系(该系停办期间一度入地质系)，为该系第一班学生。

1929年，郝景盛在国立北平研究院刘慎谔教授的指引下到植物研究所参加研究和考察。1930年4月，他参加中瑞(典)科学考察团，由重庆沿嘉陵江、白龙江到甘肃南部和青海湖、阿尼玛卿山一带考察和采集标本。1931年7月，从北京大学生物系毕业后，郝景盛正式到植物所任助理员。1932年郝景盛被北平研究院派到河北、山东、河南、陕西采集植物标本。

1933年，郝景盛考取河北省公费留美，后改去德国，先后入柏林大学理学院和爱北瓦林业专科大学攻读博士学位。他在柏林大学研究植物地理和植物生理，并以气候学为副专业，1937年以论文《青海植物地理》获自然科学博士学位。1938年6月，他在爱北瓦林业专科大学获林学博士学位，是该校百年历史中所授予的第21位博士，也是获此学位的第一位中国学者。他在博士论文《用生物化学方法断定林木种子发芽率之研究》就判断种子是否发芽提出了新的方法，原来旬月才能解决的问题，现在30分钟之内即可完成，并为德国、波兰等国采用。

1939年初，郝景盛夫妇携两幼子经香港、河内到达昆明。郝景盛在云南省建设厅林务处任技正，并兼中山大学林学教授。1940年由梁希推荐，在重庆中央大学任森林系教授，讲授造林学、树木学、森林立地学等课程。1941年，他参加西北考察团，到川北、甘南、洮河上游一带考察。

从1943年夏开始，郝景盛应时任北碚管理局局长的卢子英邀请，住到北碚指导造林，同时任昆明北平研究院植物研究所研究员和所长。抗日战争胜利，一心向往东北森林的郝景盛接受东北大学聘请，出任森林系教授兼农学院院长。新中国成立后，郝景盛在中国科学院植物研究所内成立森林植物组，多次参加森林调查。1954年10月，他被调任中央林业部总工程师，技术委员会主任。1955年4月25日，逝世于北京。

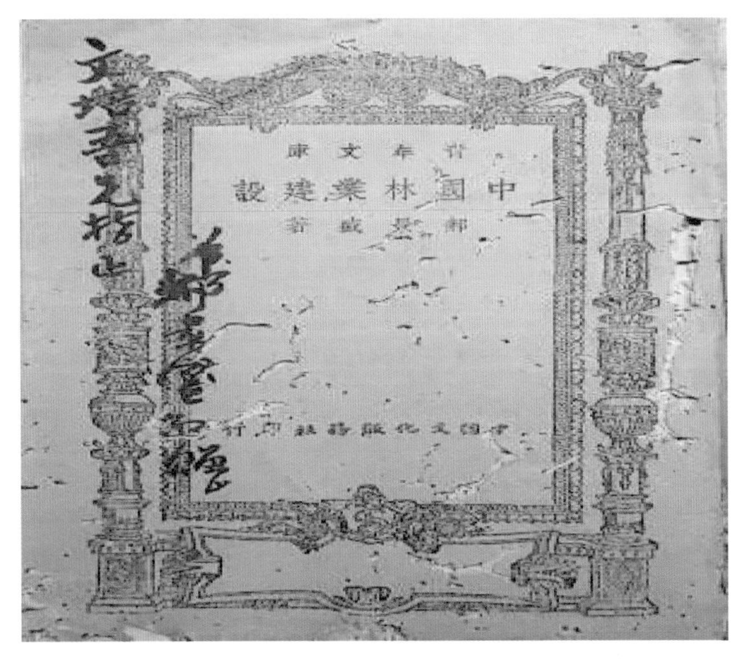

郝景盛著作《中国林业建设》

二、郝景盛在碚植树造林

1925年秋，卢作孚在创办民生公司前，对嘉陵江周边区域进行了细致的考察，发现此地面积广袤，森林、矿产资源丰富。在他出任江巴璧合峡防团务局局长之后，便提出“提倡园艺”“提倡造林”的口号。不过，百废待兴之际，北碚造林事业举步维艰、发展缓慢，直到郝景盛为北碚带来近代林业科技。

1930年4月，郝景盛参加中瑞(典)科学考察团，沿北碚嘉陵江畔考察和采集标本，时任峡防局督练长的卢子英随团陪同。临分手时郝景盛对卢子英说：“这次到嘉陵江考察，我感觉收获特别大，这应首先归功于卢先生的大力支持！”卢子英谦逊地回答：“哪里，哪里！我只不过给你们当个向导，跟随你们一道，倒是学到了不少东西，获益匪浅！”郝景盛说：“我不是说客气话，使我最感动的是三峡这块宝地，山川纵横，林木葱茏，作孚局长先在这里有建造森林的设想，太令人钦佩，峡区现在还有大量的荒地，大有可为，我倒很想有一天能到这里来，帮助你们造林，那才是我一生的幸运哩！”

13年后的1943年，两人再度在重庆重逢。卢子英邀请郝景盛给管理局的周会作报告。郝景盛在会上演讲了《树木树人》，谓当今存在严重的“木荒与人荒”，他大声疾呼：“森林万能，木材万能！植树造林，绿化荒山，刻不容缓！”参会人员深受震动，卢子英也当即决定邀请郝景盛来北碚指导造林。

刚到北碚，郝景盛又投入对森林和荒地的调查，以下节选缙云山的林木状况：

观月亭、涵碧亭、破空塔、览胜亭，至马鬃岭观音岩一带，为冬青阔叶树混交林，林相成分，极其复杂，一亩之林中，可以见到二三十种不同之树林，纯林不存在。猴欢喜、丝栗、飞蛾树、山蛮、茶科及樟科之乔木，到处可见，伯乐树、野茶、山茶、大头茶、朴树及若干攀延性蔓生灌木点缀其间，而南竹林、甜茶、板栗、茶林多培植于隙地，此带森林只有观赏价值而少经济价值。由缙云寺以上，地形渐高，气候较寒，最显著之植物社会，为山竹层(缙云山志称毛竹)。此类竹子高不过七尺，粗如笔管，非常密，人兽皆不能穿行其中，华中各省海拔较高之山地，皆有此类竹子存在，向北分布可至陕西之秦岭与甘肃之洮河南岸。聚云峰下，相思岩旁，太虚台畔多为石楠科之树木，及少数茶科之冬青大叶树，林内有罕见的灌木性之远志(黄花)及攀缘丈余之蕨类植物。

西由石华寺，东至松林坡，南迄堆石堆，北达澄江镇义瑞农场一带，十数方里间，以松林所占之面积最广，阔叶混交林次之，竹林又次之。三种树木，以面积论，约占七十公顷，成林株数，不过二万根，与经营森林之理想相关太大，故树木生长极坏。[①]

他在每天日出前就踏上登山之途，一连十余天早出晚归，跑遍北碚八个乡镇的山山岭岭。郝景盛头顶烈日，手拄拐杖，足登布履，北碚200多平方千米的土地上，处处留下了他的足迹。经过调查，郝景盛发现北碚虽然有丰富的森林资

① 重庆市北碚区地方志办公室编印:《北碚志·森林志》，重庆市北碚区地方志办公室内部印刷，2016年，第47-67页。

源，但因过度砍伐存在大量的荒山、荒林，北碚管理局所辖8镇，“有木无林”，造林任务艰巨。

北碚缙云山景色

卢子英看了调查资料后，深感植树造林迫在眉睫，在各乡镇配备专职森林指导员，负责管理造林工作，并时常邀请郝教授作报告，讲授造林、护林、森林利用的科技知识。

“无森林即无水利，无水利便无农田，所以森林是农田水利的保者”“一国森林发达，满山翠绿，即一国富强之象征”，他在《北碚月刊》《嘉陵江日报》上陆续发表文章，宣传了森林的重要性，唤起了北碚人民保护森林的意识。

他提出“人人采种育苗，家家植树造林”的口号，带领森林指导员上鸡公山实习，向家家户户传授采种育苗方法。8个乡镇同时开展植树造林工作，仅朝阳镇市区6个小山头，就种植了7万余株柏苗。

除对北碚地区森林资源的前期调查及宣传植树造林、保护森林的重要性以外，郝景盛在北碚的植树造林亦是亲力亲为。植树造林的过程需要经过预备与调查、宣传与训练、发布植树的方法及过程、分析植树栽培的结果等。

1944年，郝景盛在北碚部分地区所造林木因天气干旱幼苗几乎全部枯死，其将原因略述于下：

> 第一，播种日期较预定时间晚了两月，原定二月播种。事实上，三月初才示范，三月底至四月初旬各乡镇保甲才实行播种，幼苗出土不久，即赶上五、六月大旱，其苗与幼根，均非常弱嫩，酷日无情，竟遭毁灭。
>
> 第二，未利用苗圃植树造林，我根据在云南昆明四周荒山播种造林成功之经验，又试行于北碚，结果失败，昆明乃雨季之前播种，北碚在播种后赶上干燥不雨天气。
>
> 第三，督导不周，我们规定之"过干灌溉，草多铲除"，皆未做到。北碚播种造林有二困难：其一几乎年年五、六月间天气过干，山居乡民，饮食用水，皆成问题，若再催其山下挑水灌溉幼苗，于理于情，皆觉不便。其二，雨季一来，则乱草丛生，若不及时铲除，干季未被枯死之幼苗，常遭侵害。

鉴于1944年造林遭到损失，1945年便改换办法，结合北碚气候及节气拟定《北碚1945年度造林工作月历》（如下表），由管理局印了数万份，在保甲会议席上分发给各乡民。并对龙凤乡推广造林做出以下决定：第一，各保设立苗圃；第二，保护野生幼苗；第三，雨水之后植柏，立春之前植松、杉、柏，亦可在农历八九月间移植；第四，平竹与南竹亦有大量推广之必要。①

表1 《北碚1945年度造林工作月历》

月份	工作要项	备考
一	1.移植、植树(最好在立春前) 2.取种子(最好在雨水前)	立春——农历十二月二十二日 雨水——农历正月初七
二	1.抽查各乡镇移植及植树成绩 2.播种——在惊蛰前办竣	惊蛰——农历正月二十二日
三	1.报告(用书面及表格)播种结果 2.植树节——举行扩大宣传及护林运动	
四	抽查各乡镇播种成绩	
五	灌溉幼苗——在天气干燥时行之	北碚在立夏——农历(三月二十五日)少雨
六	灌溉——北碚芒种后天气最干	芒种——农历四月二十二日
七	1.灌溉 2.报告幼苗生长情况(用书面及表格)	
八	1.抽查灌溉成绩 2.除草——处暑后多草	处暑——农历七月初七日
九	1.严禁采樵 2.除草、除草	
十	采种——杉、柏、松之果实成熟，约在霜降之后	霜降——农历九月十九日
十一	采种并报告采种结果	
十二	1.检讨采种成绩 2.修枝，移植——植树造林最好在大雪至立春	大雪——农历十一月初三冬至后十天为阳历年千古不变

① 重庆市北碚区地方志办公室编印:《北碚志·森林志》，重庆市北碚区地方志办公室内部印刷，2016年，第57-63页。

郝景盛离开北碚前，他也不忘重申“森林万能，木材万能”，洋洋洒洒数千字写下《寄语北碚地方人士》。最后，他赠给北碚人民一句话：“人人植树，家家造林，绿化荒山，福国利民！”①

如今，北碚区林地总面积55.3万亩，森林覆盖率达到48.7%，已成为国家生态示范区，是重庆市唯一的全国森林城市建设标准化示范区。

① 李萱华：《北碚在抗战——纪念抗战胜利七十周年》，西南师范大学出版社，2016年，第243页。

李约瑟的两次北碚之行

李约瑟原名约瑟夫·尼达姆(Joseph·Needham),1900年12月9日出生于英国伦敦的一个职业医生家庭。他是著名的英国科学史专家,剑桥大学生物化学教授,英国皇家科学院院士。因在胚胎生物化学研究方面卓有成就,还被誉为"胚胎生物化学之父"。而李约瑟这个名字被中国民众所熟知,主要还是因为他对中国文化、中国科学技术史颇具研究,尤其是他在战时对沟通中西科学合作所做出的贡献。

1937年全面抗战爆发前,3位专攻生物化学的中国青年学者沈诗章、王应睐、鲁桂珍作为李约瑟的学生和助手在剑桥大学学习,受他们的感染和影响,李约瑟对中国古代文明产生了浓厚的兴趣。为了探索中国古代文明的奥秘,李约瑟向自己的中国研究生学习汉语,他还先后抄录了两本英汉字典,逐步学会了阅读古代典籍。为了提高自己的中文造诣,李约瑟还时常向当时主持剑桥大学中文讲座的著名汉学家古斯塔夫·哈隆(Gusteve Harlan)请教学习《管子》。他对中国文化的这种孜孜以求的精神,为其日后研究中国科技史奠定了坚实的基础。

1942年,太平洋战争爆发后,英国政府决定派遣科学家和学者访问、支持战时的中国。当时的英国科学家和学者中,擅长中文且对东方文明怀有强烈兴趣者不多,而李约瑟和牛津大学教授多兹(E.R.Doddls,中文名陶育礼)就成了最佳人选。他们受英国生产部和英国对外文化关系委员会(简称“英国文化委员会”)的资助与委托,组成“英国文化科学访华团”,代表英国皇家学会来华进行科学文化交流活动,并对中国表示声援。在按计划赴美国华盛顿考察英国中央科学事务所之后,李约瑟一行人先到印度,再由印度乘飞机越过喜马拉雅山,于1943年2月经由云南汀江到达昆明,正式开始了中国之行。

在昆明停留几周后,1943年3月31日,李约瑟率领“访华团”飞到了当时的国民政府陪都——重庆。在这里,他受到了热情的接待。中央研究院还专门举行了欢迎茶会,当时在重庆的各个学术机关和文化界人士都与会出席。到达重庆不久,李约瑟觉得他应该在科学技术方面提供一些切实的服务,于是向英国政府建议在重庆创办一所能从事具体科学合作工作的机构,这就是“中英科学合作馆”(Sino-British Scientific Cooperation Office)的由来。中英科学合作馆主要从事的工作包括:1.加强中外科学界的联系:协助公私机构及个人之间的通讯传递,交换论文、著作、标本、种子、菌苗等;2.供应科技物资:按照各单位所需名目,分赠英文版图书、期刊(或其微缩胶卷)、标本、图片等,并代办中国不能自制的科学仪器、药品等;3.介绍或推荐中国科学家撰写的论文至英、美等国的科学期刊发表;4.提供科技咨询:该馆的工作人员及专家兼任有关高校和科研机构的义务顾问;5.资助中国科学家和学者赴英考察研究,并聘请英国专家来华讲学。在战时,中英科学合作馆的工作条件十分艰苦,但其在对中国教育和科学的援助方面取得了巨大的成果。

为了能全面了解中国大后方各地教育与科学的真实情况,使中英科学合作馆充分发挥作用,李约瑟于1943年春至1945年秋,与秘书黄兴宗等人接连3次游历了中国西南、西北、东南等地,为日后研究编纂《中国科学技术史》准备了大量的重要资料,与此同时,他的这些经历使他真切地感受到了战时中国科研教学的艰苦和在此艰苦环境下中国学者、科学家、教育家的奉献精神。

在正式出发游历前,他首先对重庆的两个科学、教育"高地"进行了考察,其中之一便是北碚。1943年4月12日上午,李约瑟一行人从大使馆出发,在公共汽车上颠簸了3个多小时后,终于到达了当时重庆最大的科学中心——位于市郊的北碚。到达北碚后,作为中央研究院的通讯研究员,他首先参观了位于惠宇的中央研究院。当时的动植物研究所由王家楫领导,拥有20多名专职研究人员,研究气氛活跃,受到了李约瑟的称赞,他认为这里"有世界上最好的实验室所独具的真正研究气氛"。他还参观了中央地质调查所等研究机构。中央地质调查所也是当时位于北碚的一所规模较大的研究所,李约瑟一行人参观了他们的各个研究室,听古生物学家尹赞勋描述了新近从贵州省带回来的丰富的三叠纪标本。令李约瑟尤其震惊的是,中央地质调查所李善邦博士用"废铜烂铁"成功自制了一台简易地震仪。了解到这台地震仪因缺少照相纸而工作受阻,李约瑟通过英国文化科学访华团设法从国外购买,积极帮助李善邦解决地震仪物资短缺的问题。在参观了位于主楼几英里外的一处小山山顶处的中央地质调查所的图书馆后,他发出了这样的感叹:"这是我在自由中国所见到的最大、藏书最丰富的图书馆。"①

结束了对科研机构的参观,下午3点,李约瑟一行人又到东阳镇夏坝的复旦大学进行参观,并在该校进行了题为"作战努力中联合国科学近况"的演讲,有上千学者、学生及民众到场对李约瑟的到来和演讲表示热烈的欢迎。他在演讲中介绍了战时英国的科学研究状况,并详述了他此行到中国的目的是增强中国与各同盟联合国家之间的科学交流,希望能了解战时中国科学研究的实际需求并设法进行援助。最后他提出两个观点:中国过去的历史证明,中国人绝非不适宜研究科学;科学并不是西方国家所专有,科学应该国际化,没有国界的限制,呼吁中英美苏各同盟国应进行学术合作。

李约瑟此次在北碚停留了两天。13日上午,他受邀参加了在中央工业试验所召开的中国化学会年会。当时到场来宾有中央气象研究所所长吕蔚光、国立复旦大学校长章益、会员李尔康等百余人。李约瑟在会上做了题为"生物化学问题"的演讲。会后他又参观了中央工业试验所的实验室。这些实验室给他留下了深刻的印象。不管是实验室提炼纯酸、纯碱、纯盐,还是从四川各地农民碳窑中生产木焦

① 李约瑟、李大斐:《李约瑟游记》,余延明、唐道华、腾巧云等译,贵州人民出版社,第97页。

油，不管是用黄豆榨油饼制作塑料，还是用植物油裂化生产汽油；这些科学家都在努力克服艰苦的环境和条件，执着地进行着大量的科学研究，努力改善中国战时物资短缺的状况。李约瑟曾评价："这个研究所进行的活动相当于英国科学与工业研究署和商业研究协会合并后进行的全部科研活动。"[①]

1943年7月，李约瑟受到中国科学社的邀请，再次前往北碚，参加中国科学社年会。7月18日，中国科学社、中国地理学会、中国动物学会、中国植物学会、中国数学会及中国气象学会六个学术团体在重庆师范大礼堂举行联合年会开幕式。资源委员会翁文灏部长亲自到场主持开幕式并致辞。这场联合年会持续进行了3天，并分设了自然、应用、人文、土产四个科学展览会，在当时可以说是一场规模盛大的学术盛会。李约瑟在中国科学社的年会上进行了题为"战时与和平时期的国际科学合作"的演讲，表达了他对建立国际科学合作机构的思考并积极呼吁国际科学合作机构的成立，这些思考和呼吁间接促成了1945年联合国教科文组织的成立。

李约瑟在两次到访北碚期间，还参观了国立编译馆、中央农业实验所、中国科学社生物研究所和中国地理研究所，并同样对这些科研机构在战时的研究工作给予了极高的评价。

① 李约瑟、李大斐：《李约瑟游记》，余延明、唐道华、腾巧云等译，贵州人民出版社，第99页。

李约瑟的两次北碚之行不仅是为参观了解北碚的教育、科学现状,为条件艰苦物资短缺的科学研究提供援助,还积极致力于宣传国际的科学合作,建立中西科学沟通合作的桥梁。这是他多年在战时中国工作的缩影。不管是因为他在中国科学技术史研究方面的成就,还是因为他在中国人民、中国教育和科学最困难的时候提供的大量帮助,这样一位卓有成就的科学家,一位优秀的科学友人都值得我们永远铭记。

壮志未酬、埋骨碚城的计荣森

计荣森是我国著名的古生物学家。祖籍浙江慈溪市，1907年12月27日出生于北京。计荣森从小勤奋好学，1920年考入了国立北京高等师范学校附属中学，课业成绩名列前茅。在认真学习专业课程之外，他还先后学习了英文打字、拳术和商业簿记等内容。1924年夏，他中学毕业考入国立北京大学理学部预科，1926年秋升入北大地质学系。在当时动荡的时局里，学习的环境很不稳定，大多数学校时而开学延迟，时而又中途停课，兵荒马乱下很难让人静下心读书，但是计荣森却能利用假期或停课的时间自觉到农商部（后为实业部）地质调查所看书自修，或者到古生物学家葛利普、孙云铸家中补习。由于对古化石有浓厚的兴趣，他最终选择了专攻古生物学。为了能看懂各种文献，除了英文外，他还自学了日语、德语、法语。

1930年6月，计荣森大学毕业了。同年7月，他考入了地质调查所担任研究员。因地质调查所与北平研究院有合作，所以他同时也担任北平研究院地质学研究所助理员，1933年升任地质调查所古生物研究室副主任，1935年改任技士，1940年升任技正，1941年又兼任地质调查所古生物学研究室无脊椎古生物组主任。

计荣森博学勤奋，主攻古生物学研究，对中国的古生物学研究做出了巨大贡献，除此之外，他在中国古生代地层研究、经济地质方面也颇有建树。

早在大学期间，计荣森就已编纂完成《中国无脊椎化石书目统计索引》，此书列举了自1846年至1930年中国无脊椎古生物学书籍文献230余种。这部总结性的工具书为同行查阅资料提供了很大的方便，他也因此获得了当时北平研究院设立的第一届奖励新进人员的地质矿产奖金。进入地质调查所工作后，一年之内，他完成了《中国叶肢介化石的发现及其地质意义》一文，填补了中国古生物科学研究的空白。他在中国地质学会第8届年会上宣读了这篇文章，获得了同行的一致好评。1931年他又完成了《中国威宁系之珊瑚化石》一书，并翻译葛利普教授专著《中国泥盆纪腕足类化石》中文摘要一篇。一年之内完成三项重要成果，计荣森工作的勤奋程度可见一斑。1932年，他发表了《中国四川西北部（灌县）水磨沟的拖鞋珊瑚及一新变种》一文，1933年发表了专著《中国下石炭系管状珊瑚化石》。之后又相继有关于珊瑚化石的论文论著发表，其中1935年发表的专著《中国西南部湖南、云南、广西威宁系石灰岩的珊瑚化石》，对其在1931年出版的《中国古生物志》进行了重要补充，这两本著作奠定了我国中石炭世珊瑚系统分类及生物地层学研究之基础。1940年，计荣森发表了《长江三峡地区寒武纪古杯动物》一文，描述了石龙洞石灰岩中之古杯化石，现在地质界仍沿用他的意见，将“石龙洞组”置于下寒武统之顶部。紧接着他又完成了《中国西南部一些志留纪与泥盆纪层孔虫》一文，此为至1949年新中国成立前，国内唯一一篇公开发表的关于层孔虫化石的文献。

除此之外，在工作期间，计荣森也进行大量野外地质矿产调查，相继调查了皖北煤田、北平西山门头沟煤田、浙江长兴煤田、湖南湘潭煤田、湖北大冶阳新铜矿以及安徽浙江两省间的各种矿产，并完成了相应的报告进行发表。

因对专业研究投入饱满的热情，加上刻苦勤奋，成果频出，计荣森深受学界的推崇，相继获得了赵亚曾纪念研究金、中央研究院丁文江奖金，而立之年就已名噪中外。

计荣森除了在专业研究方面成果丰富受人推崇外，他还勇于承担责任，愿意为地质调查所，为地质学会，为各位地质学人做基础的事务性工作，这点也备受人们尊敬。1920年，地质调查所开始进行每周一次的讲学会，计荣森担任讲学会的记录工作，至1936年共12年，没有一次懈怠，同时还将这12年99次的讲学记录整理汇编册交存地质调查所图书馆保存，供大家借阅。整理标本也是一项极其枯燥的工作，但是他从1930年入所便开始整理历年积存的标本，将各类化石标本整理得有条有理，为需要查阅的人提供了便利。之后因时局动荡，地质调查所几迁所址，计荣森都参与了图书、仪器、标本的装箱整理和陈列布置等。1937年，全面抗战爆发后，国内局势动荡，没有印刷局可以承担出版，地质调查所和地质学会积压的文稿众多。为了解决出版问题，4月计荣森被派往香港专门办理印刷事务，1938年9月才回到了当时已迁到北碚的地质调查所。在这一年多的时间里，他一人承担了接洽、编排、校对、付款、分发、交换等事务，共印成了《中国地质学会志》3册，《地质汇报》2册，《地震专报》1册，《中国古生物志》1册，还为地质调查所订购了1938年和1939年两年的西文杂志和新书，保证了地质调查所众人的研究之用。1938年，计荣森来到北碚，又继续承担事务性工作，校对编辑期刊出版物、管理与登记所中旧存及新采之标本、管理指导修理化石工人及磨片工人的工作、为所中同事和地质学者鉴定化石等，所有工作都尽心尽力，不曾懈怠。

努力研究，尽心为同仁服务的计荣森一直有出国继续深造的梦想，但多年来都因各种原因未能成行。1941年9月，这个出国继续学习深造的时机似乎终于成熟。地质调查所决定写信向中华教育基金会推荐计荣森为赴美留学的候选人，地质调查所先后任职的3位所长翁文灏、黄汲清、尹赞勋共同联名介绍推荐，推荐信函都已经签署完毕。但事有不巧，正待推荐信函发出时却爆发了太平洋战争，中华教育基金会宣布停止接受新的请求，出国留学之事只能再次搁浅。本来以为终于能完成夙愿，结果没想到依然不能成行，这个结果让计荣森备受打击，近乎绝望，加上多年来的辛苦劳累，原本就已出现身体不适，常常咳嗽的计荣森，在此事一出后更加重了心理负担。地质调查所经过多方周旋，再次于

1942年商定送他到美国继续研究学习古生物学，事情都已经商议得差不多时，造化弄人，计荣森彻底病倒被送入江苏医学院附属医院救治，诊断结果为肺结核、肋膜炎、心囊炎各症之综合，病情严重，不得不住院治疗。医生嘱咐他静心休养，然而他在住院期间还不停翻阅新书杂志，更一直挂念赴美的舱位机票等事宜，对于出国深造渴望强烈。对于计荣森来说，天总是不遂人愿。在希望与绝望的交织中，计荣森于1942年4月底出现精神分裂症状，神智错乱，举止失常，拒绝饮食，最终于5月13日下午逝世，5月30日被葬于地质调查所图书馆前的小山头。我国一代著名的古生物学家就从此长眠在了这个西南后方的小城北碚。一生勤奋努力的计荣森，在逝世之时尚有多篇未来得及发表的手稿，其中1941年写成的《贵州独山地区下石炭统一海蕾》一文记载的贵州独山县采得的两件海蕾化石标本是当时中国唯一已知的海蕾化石。

计荣森精通和擅长珊瑚类化石研究，在叶肢介、古杯类、层孔虫类、海蕾类等空白门类或相对薄弱的门类研究方面也做出了开创性的贡献，可谓是天赋异禀，成绩卓越。然而这样一位学术造诣高，又任劳任怨服务同仁的学者还是不幸被疾病击垮，英年早逝，引起了同所师友极大的悲恸。1942年7月1日，地质调查所专门为计荣森举行了追悼会。除了地质调查所中所有人都参与之外，还有生前好友张更、钱崇澍、王家楫、李春昱等20多人参加，翁文灏等人送来挽联70多副。

当时主持追悼会的尹赞勋说："计先生之死，不但对于本所，对于中国地质学界是一个重大的损失，且全国及全世界学术界亦同深悼惜。"[1]

一代古生物学家还未实现出国深造的愿望，还有很多化石未来得及研究，很多手稿未来得及发表，就英年早逝，壮志未酬。

① 黄汲清、何绍勋：《中国现代地质学家传》，湖南科学技术出版社，1990，第330页。

科学家的困厄与苦斗

战争为每个人都带来了苦难。抗战时期身处西南后方的北碚虽然相对于烽火连天的前线来说是一片相对安定的土地，但依然逃不过物资匮乏、物价高涨等战争带来的影响。生活在这里的科学工作者无时无刻不在战争所带来的苦难中挣扎。

全面抗战爆发之后，国民政府财政困难，减少了文化教育经费的发放，各研究机关的薪资也相应下降，以中央研究院（以下简称“中研院”）为例：1937年12月，中研院长沙临时院务会议通过薪水紧缩办法，规定职员薪资在50元以下的照发不误，五十一元以上者留五十元，再为八折、四折、二折，即事务员助理员、专任编辑员及技师、专任研究员薪资超过50元以上的部分，分别按照“八折、四折、二折”来发放。[1]可以说这些薪酬只能勉强维持生计，与战前的条件完全不能同日而语。之后虽然各研究机构随着内迁相继安定，薪资有所恢复，但后方却因物资匮乏，物价开始飞涨，上涨的薪资在飞涨的物价面前完全就是杯水车薪，很多人的基本生活都得不到保障。

① 朱琪选辑：《蔡元培等有关抗战初期中央研究院内迁诸事与王敬礼来往函》，载《民国档案》2007年第1期。

施雅凤回忆了抗战时期他在北碚中央地质调查所工作时见到的情形：

当时物价飞涨，科技人员生活差，有些人到了非常困难的地步。当时土壤室就在图书馆旁一幢平房里办公，室主任侯光炯先生整日在研究室工作，一天下午，他女儿来找他说："爸爸，你怎么不回去，家里已断粮，今天中午就未能举炊，全家已饿了一顿，你快想办法。"这时侯先生才从学术的思维中清醒过来，临时从食堂里借了几升米，带回家去做晚饭。"家无隔宿之粮"是通常议论极穷困人家的话，想不到一个高级科学家也贫困至此。事后，听同事们议论，人口稍多的家庭，如尹赞勋、李善邦先生等生活上也很困难。①

当时同在中央地质调查所工作的秦馨菱则回忆了李善邦先生因生活拮据需要卖猫换取买菜钱的故事：

有一天，李善邦很高兴地对我说："猫在我家里生了四只小猫，母子均安。"这不仅对我是个好消息，就是对全所的同事也是个振奋人心的喜讯。大家互相转告一会儿全所都知道了。接着即有人络绎到我办公室来订猫："听说你的猫在李善邦家生了四只小猫，等小猫断奶之后可否送给我家一只？"我答："小猫是在李善邦家生的，理应先给他家一只，剩下的三只全所同事们可分享。"于是对首先来到的三家各答应了一只，后来者只好婉言谢绝了，

① 程裕淇、陈梦熊主编《前地质调查所的历史回顾：历史评述与主要贡献》，地质出版社，1996，第180–181页。

有人很惋惜地说："咳，我就是晚来了一步！"为了照顾大猫给小猫哺乳，还叫大猫在李善邦家多住了几个星期。过了些日子，有一天清早李善邦对我说："这四只小猫长都很好，昨天我的小女儿抱着一只小猫在离家不远的马路上玩，有一路人走过来问她，'咳，小孩，你的猫卖不卖呀？'小女儿听了吓得抱着猫跑回家中。我说："当然不能随便卖。最好以后也别叫她抱着猫到外边去玩了。如非抱出去玩不可，也要抱好，不要松手，免得小猫跑走或叫别人把它拣走。"

过了几天，李善邦颇不大好意思地对我说："这个月我为孩子们交学费等，弄得一个钱也没有了，连每日的青菜钱也都拿不出了，小猫我给你卖一只行吗？"我答："我本打算把一只小猫送给你们，其余三只分赠所里同事们，你说要卖，你就卖一只罢，那将来大猫还得在你家和在所里两处轮流驻防了。"过了几天，李善邦对我说："昨天小孩抱着一只小猫在马路上把它卖掉了，卖了三元钱。这样我家中买青菜吃的菜钱，算是解决了。"[1]

这些回忆清晰地反映了当时条件的艰苦。1944年4月，中央地质调查所所长李春昱在致友人函中抱怨："重庆物价近日猛涨甚速，猪肉已每斤九十元矣。不惟工作不易推动，即同人生活不易维持矣，为之奈何。"[2]科研经费的困难更是

① 程裕淇、陈梦熊主编《前地质调查所的历史回顾：历史评述与主要贡献》，地质出版社，1996，第223-224页。

② 《李春昱致谢家荣涵》(1944年4月27日)，中国第二历史档案馆藏档案，全宗号：375，案卷号：479。

可想而知,“一切工作可以说在奋斗中进行。野外工作能以维持许久,真难预卜也”。[1]为解决生计问题,同样靠变卖家产来维持生计的人不在少数。中央地质调查所的许德佑携妻带儿,工作努力而生活困窘,无奈之下只能忍痛割爱将其留法时期所购外文书籍出售,知者无不叹息“斯文扫地矣”。就连杨钟健、黄汲清、尹赞勋这几位国际知名的老科学家,当时多兼任中央地质调查所的研究室主任,每月工薪津贴,都难以养家糊口。尹赞勋不得不忍痛出卖他工作时经常参考的原版的古生物教科书,黄汲清也把追随他数十年的徕卡相机转卖给了拍卖行。1943年,中研院气象研究所涂长望在重庆染上了斑疹伤寒,急需入院治疗,妻子王回珠身怀六甲,情急之下,被迫出售从德国购买的、精心保管多年的打字机。中国科学社生物研究所钱崇澍带领所内工作者种菜、养猪、兼课,自力更生。为维持生计,他还鼓励一些高级职员到外面兼课,以获得平价米。

为能以稍微低一点儿的价格获得物资,中央地质调查所人员组织消费合作社,从批发商处购买布匹、毛线等物资,以比市面略低的价格分销给同事。

在物资分配方面地调所的做法是较民主合理的。他们的办法是来了东西大家平等抽签,从所长、职员到工人都一律平等抽签,谁抽着了谁买。因为东西少,有些人没抽着,则等下一次再来东西时,由他们优先抽签(叫作优

① 《李春昱致朱夏函》(1944年4月22日),中国第二历史档案馆藏档案,全宗号:375,案卷号:479。

先权)。如这次抽着了这次买了东西了,则下一次再来东西时他们得让别人先抽,待东西有剩余时他们再抽(这叫作优后权)。当然两次来的东西可能不一样,也许这次来的是布匹,下次来的是毛线,第三次来的是布鞋,那就只能看各人的运气了。[①]

战时生活物资不足,居住及办公条件更是简陋。1939年春,中央地质调查所迁入在北碚新建的大楼,那时物资已开始紧张,钢筋和水泥不好买,大楼结构中该用钢筋水泥梁的地方用木梁代替,同年8月下旬就被大风吹倒,以绘图室倒塌得最为厉害,所幸倒塌发生在半夜,没有人员伤亡。[②]1940年前后,中央地质调查所供电不足,大家就用菜油灯照明,在一个小碟内注以菜油,用灯芯点着做工作整理、野外记录、撰写调查报告;办公空间有限,就在一间大办公室放三行办公桌,每行三至四人,当某人出差时,他的办公桌和位置就由其他同事使用。[③]

办公条件不佳,居住条件也是非常艰苦:

沿着中国西部科学研究院后墙,向西穿过一片桔子林,再沿着公路走上百来米的南侧山坡上行三栋竹子编的墙,里外涂泥的四川最简易的住房,山坡中部一栋是李

---

① 程裕淇、陈梦熊主编《前地质调查所的历史回顾:历史评述与主要贡献》,地质出版社,1996,第173-174页。

② 程裕淇、陈梦熊主编《前地质调查所的历史回顾:历史评述与主要贡献》,地质出版社,1996,第174页。

③ 程裕淇、陈梦熊主编《前地质调查所的历史回顾:历史评述与主要贡献》,地质出版社,1996,第173页。

> 善邦先生的住宅，上面横排两栋，外侧一栋东头两间白家驹先生住，1942年我结婚后就住西头的一间，另一栋由两位绘图员住。门前有点空地，开出来种点西红柿、白菜以弥补生活不足。黄汲清、王钰、熊毅先生他们住在不远的堰塘湾的民房内，韩藻香他们则在北碚街上租民房住。吃的水则由所里雇用的民工每天每家送两挑堰塘里的水，我们用明矾打了再用。[①]

后方的生活和工作条件虽然艰苦，但这些来自于东部的科学家却凭着坚忍的毅力和对科学事业的一腔热爱，在西部这个嘉陵江畔、缙云山下的小镇北碚，在简陋拥挤的办公室里，在两根灯草一盏桐油灯下，写出了一本本巨作，创造了一项项成就，心怀着“科学救国”的愿望，铸造着战时中国科学事业的辉煌。

① 程裕淇、陈梦熊主编《前地质调查所的历史回顾：历史评述与主要贡献》，地质出版社，1996，第166页。

于右任题写“三顾茅庐”的故事

一、“三顾茅庐”的故事

刘备三顾茅庐的故事早已为人耳熟能详，但我这里要说的却是发生在抗战时期北碚的故事。三顾指的分别是顾毓琇、顾毓瑔、顾毓珍。全面抗战爆发后，国民党迁都重庆，各个机关也随之迁往重庆。三顾兄弟也正是在这样的背景下来到了重庆北碚，并在杜家街筑“茅庐”定居，为抗战大后方的建设做出了巨大贡献。最先来到北碚的是四弟顾毓珍。1937年12月9日，时任实业部中央工业实验所技正顾毓珍与夫人来到北碚科学院察看房屋后，决定立即电催该所速迁来碚。大概半个月后，该所全部抵碚。1938年4月中旬，清华大学无线电研究室图书仪器迁至金刚碑，时任国民政府教育部次长的顾毓琇负责此次搬迁工作。经济部中央工业研究所也由南京迁于北碚，三弟顾毓瑔担任中央工业试验所所长。1939年5月3日、4日，日寇对重庆施行了特大轰炸，当时顾毓琇一家住在通远门嘉庐九号，住所前两处房屋均遭毁，炸后又有多处燃起大火，顾毓琇一家连夜迁往卫星城市北碚以躲避轰炸。三兄弟因躲避轰炸在北碚得以团聚，并一起在杜家街建起茅庐。因顾氏三兄弟住在一个院内，友人雅称为“三顾茅庐”。顾毓琇请于右任先生题写了一块匾额——“三顾茅庐”。三兄弟聚集北碚茅庐，不惧条件艰苦，坚持抗战，他们的故事也在后方传颂。

二、“三顾”兄弟在北碚

顾毓琇，字一樵，江苏无锡人，1902年生。1915年考进清华学校（今清华大学前身），1923年由清华选派到美国留学，入麻省理工学院攻读电机工程，只用四年多的时间先后获得学士、硕士、博士学位，成为在麻省理工学院获得科学博士学位的第一个中国人。他发表的“四次方程通解法”是基础数学的一项创造性、突破性成果，博士论文发明的“顾氏变数”，初步奠定了他在国际科学界的地位。顾毓琇先生不仅求学经历丰富，他的从教事业更加丰富，大半生都投入到了教育事业。他先后任教于浙江大学、中央大学和清华大学等高校，在其百年人生中，前后共计40度春秋任教于国内外十几所著名高校，培育出不少超群拔萃之才，如江泽民、吴健雄等，可谓桃李满天下。顾先生还钟情于工程教育，他认为工程师的天职就是“利用工程的智识和方法来帮助国家解决国防和民生问题”[①]。他对师范教育也给予极大重视，他认为“师范教育兴各级教育之根本，欲求各级教育能办理完善，必先有优良的师范教育，亦惟有师范教育办理完善，

① 谢长法：《留美学顾毓琇的教育思想与实践》，《徐州师范大学学报（哲学社会科学版）》2009年第35卷第6期，第9–13页。

国家始有希望”[1]。为此他广泛宣传师范教育思想。

顾氏三兄弟在北碚杜家街会师后，决心在大后方打一场“硬仗”，在各自领域为抗战事业贡献自己的力量，其中影响最大的要数顾毓琇。在北碚生活的两年多时间里，顾毓琇给北碚留下了很多宝贵的“礼物”。顾毓琇不仅是一个杰出的教育家，他在戏剧和诗词方面的造诣也颇深。他在求学期间就对戏剧颇感兴趣，期间也创作了很多作品。1928年求学归国后，曾把所编《荆轲》《项羽》《苏武》和《西施》四个剧本交商务印书馆集印成册，但因日侵沪未及出版。直到1940年春，《岳飞》才由国立戏剧专科学校在重庆国泰大戏院公演。公演从1940年4月1日到3日三天三夜，场场客满，座无虚席，极一时之盛。当时我国的历史剧很少以话剧的形式演出，《岳飞》的成功，可谓是一次大胆且成功的尝试，给中国话剧的表演形式开辟了一个新口子。此次公演也激励了军民的爱国热情和决心，对他们无疑是一次精神上的洗礼。《荆轲》虽然没有顺利公演，但由应尚能所配曲的几首短歌，曾在大后方音乐会上演唱，很受民众喜爱。此外，顾毓琇应吴伯超教授之约，还将席勒《欢乐颂》（贝多芬第九交响曲第四乐章）翻译成中文，并在交响乐的伴奏下演出。也正是在北碚，顾毓琇经历了一段艰难却又难忘的岁月，他的业余兴趣爱好由戏剧转到了诗词，他的处女作《茅庐》便是创作于此：

① 谢长法：《留美学顾毓琇的教育思想与实践》，《徐州师范大学学报（哲学社会科学版）》2009年第35卷第6期，第9-13页。

自结茅庐隐一樵，疏星点点耿天寥，
乡音久断还看月，时雨偶来且听蕉。
遥寺晚钟惊宿鸟，客船归梦阻残桥，
流人苦望收京早，烽火家园柳万条。

1941年2月20日，爱女慰慧因病去世，顾毓琇把她埋在缙云山下。痛失爱女的他开始了文言古体诗的创作以寄托哀思，若干年后出版的诗词集中有千余首都是为了纪念爱女。顾毓琇共创作诗词歌曲7000多首，成为一位不折不扣的多产诗人，古往今来只有陆游能敌。给后世留下了宝贵的财富。

顾毓瑔，江苏无锡人，顾毓琇三弟，1927年毕业于国立交通大学机械系，1931年获得美国康奈尔大学机械工程博士学位。毕业后归国，是我国机械工程领域的奠基和开山之人。在抗战时期，对大后方的机械工程做出了巨大贡献。他在1931—1941年任中央大学机械系教授；1934—1938年任中央工业试验所所长，并兼任该所机械试验工厂厂长；1935年他和杨毅发起成立筹备中国机械工程学会，1936年5月正式成立，顾毓瑔担任理事；1938—1948年任中国工程师学会董事、总干事。在实践研究的基础上，他还重视理论学习和研究，编写了《三十年来中国工程》和《三十年来的中国机械工业》等书。和哥哥顾毓琇一样，全面抗战时期他把主要精力投入到大后方工业建设中，在担任中央工业试验所所长期间，将其经济思想应用到实践中去，参与大后方20多所轻工业工厂的建设，并帮助大量民营工业解决了技术问题。他尤其重视重工业的发展,提出工业化的"五个特征论"。新中国成立后,他还不断为国内引进先进技术,对两岸关系的改善也关心不已。

顾毓珍,字一真,顾毓琇的四弟。1926年从清华毕业后,又随其兄顾毓琇的脚步,于1927年去麻省理工学院学习化学工程,并在1929年获学士学位。1933年从麻省理工学院毕业后回国,担任南京工业实验所办公室主任。全面抗战爆发后,随南京工业实验所迁往重庆。1947年调北平筹建工业实验所,1948年被任命为北平工业实验所所长。新中国成立后,又担任上海同济大学等高校的教授。他为我国化学工业的发展和人才的培养,付出了不少心血。抗日战争期间,他发明了"酒精脱水法",得到实业部颁发的专业权,对资源紧缺的抗战大后方无疑是雪中送炭。

而时任实业部中央工业试验所技正的四弟顾毓珍也在大后方做出了一番成就。顾毓珍经过反复试验,从植物油中提取气缸油和车轴油,用桐油提炼汽油,用菜籽制作活性炭,为前线将士制造了防毒面具和军用油布、油绸。顾毓珍油脂实验研究的成功不仅为我国油脂化学和化学工程学的创立和发展做出了不可磨灭的贡献,还缓解了大后方汽油供应不足的问题。

顾氏三兄弟都是海归留学博士,各有所长,都将精力投入到祖国的建设事业中,在我国教育、机械工程和化学工业等领域做出了一番成就。而他们的艰苦朴素的品质也为后人所称赞,"三顾茅庐"的事迹更成为今日之美谈。

中国西部科学博物馆的建立

博物馆诞生于西方，原意是指司文艺美术九女神的圣殿。因此，博物馆最初就成为供奉九女神圣绩之地。[①]清末民初是我国博古馆事业的萌芽草创时期，许多地区虽然曾一度举办各种性质的展览会，如铁道部门主办的全国铁道部门展览会、江苏物产展览会等，但他们都是临时性质的，永久性质的博物馆的建设则跟在其后。战时在北碚设立的中国西部科学博物馆实为中国第一个自建的综合性自然科学博物馆。[②]中国西部科学博物馆作为中国第一个综合性质的自然科学博物馆傲然挺立于北碚，实为偶然也为必然，它是在中国西部科学院的基础上建成的。

抗日战争全面爆发后，南京和武汉很快沦陷，国民党迁都重庆。自此，重庆成为战时陪都。北碚原是一个穷山恶水、盗匪出没的地方，经卢作孚和其兄弟卢子英的努力，战时的北碚不仅交通便利，经济与文化也有了一定的基础。1937年夏天，中国科学社等学术团体在北碚开联合年会，除了宣读科学论文和做科学讲演外，还举办了科学展览会。这次的展览会对于北碚科学教育之推广，学术研究之宣扬，都

① 这里的九女神分别是Calliope，司咏史诗；Clio，司历史；Urania，司天文；Melpomene，司悲剧；Thalia，司喜剧与牧歌；Terpsichore，司舞蹈；Erato，司恋歌；polyhymnia，司圣歌；Euterper，司抒情诗。

② 张震旦：《北碚科学博物馆记》，《北大化讯》1945年第10期，第18-21页。

收到极宏大的效果。卢作孚也从中深感科学研究与观摩的重要性，建议在北碚成立一所陈列馆，用于集中科学人才、陈列科学研究结晶。这在当时被看作是一个惹眼的看法，得到了北碚各学术团体的同意。

1943年六学术团体年会结束后，各机关集议在北碚成立科学陈列所，是为该馆最初的计划雏形。[①]计划参加该馆筹备的团体有：国立中央研究院动物与植物研究所、中央地质调查所、气象研究所、中央工业试验所、矿冶研究所、中央农业实验所、中央林业试验所、中央畜牧试验所、中国科学社生物研究所、国立江苏医学院、中央地理研究所，及中国西部科学院等十三家单位。翁文灏为主任委员，卢作孚为副主任委员。经过一年的筹备，1944年12月25日上午十时，博物馆如期开馆。当日出席开馆典礼的贵宾多达500余人，重庆政界、学界及实业界重要人士几乎悉数到场，创战时科学文化事业一时之盛。

关于中国西部博物馆的名称由来，在筹备委员会之前曾拟定为“北碚科学陈列馆”，筹备时期被命名为“中国西部科学博物馆”，1945年7月第一次理事会上又被更名为“北碚科学博物馆”。直到1946年10月1日在设计委员会上第二次会议中，正式定名为“中国西部博物馆”。

中国西部科学博物馆最为引人注目的莫过于惠宇大楼。一座宫殿式的惠宇大楼矗立在北碚滨江山头，嘉陵江奔腾澎

① 六学术团体包括中国科学社、中国地理学会、中国气象学会、中国数学会、中国动物学会、中国植物学会。

湃急淌而过，这正衬托出惠宇大楼一股雄挺的姿态。每天不分暮晨，踏进博物馆浏览者数以千计，惠宇大楼俨然成为科学圣地。楼分三层，顶层作储藏之用，一二层作展览之用，共二十八间陈列室。分农林、工矿、生物、地质、医药卫生、气象地理六馆，陈列展品13503件，这些展品都由各发起机关供给和捐赠所得。[①]这些展品包括实物模型和标本图表，其目的除了作展览之用，还通过模型展览和图表说明以达到开民智、“大众科学化、科学大众化”的目的。博物馆入门处的迎面照壁上，是一幅我国的浮雕地势图，这让国人在步入祖国的丰富宝库之前就对他的外表有了初步的认识，这对于缺乏地理观念的国人而言是绝对需要的。除此之外，特色重要展品还有我国第一具中国人发掘、装架、研究的恐龙——“许氏禄丰龙”、中国人主持发掘的第一个完整的北京猿人头盖骨化石模型——“北京人”模型等。除此之外，博物馆还开办特种展览巡回演出、办《博物》壁报宣传常识，壁报内容通常包括该馆简况、参观时间、参观路线、参观人数以及动物、植物、人类、科技等各方面的知识。博物馆的开放时间，除星期一休息外，其他每日开放，免费参观。每日参观时间为上午八点至十一点半，下午两点到五点半。

建于战火中的中国西部科学博物馆在战时承担了传播科学种子、弘扬科学成果、普及民众科学教育的责任，为战

① 农林馆包括农业、林业、畜牧兽医三种部门；生物馆包括植物与动物两种部门；工矿馆包括工业部门与矿业部门；地质馆有物岩室、地质古生物室、脊椎动物化石室、土壤室；医药卫生馆所包括有：解剖学、生理学、药理学、卫生学、病理学、细菌学、寄生虫学七部门；气象地理馆包括气象部门和地理部门。其中工矿馆占地四间、农林馆占地五间，生物馆占地四间、地质馆占地四间。

时中国学术研究的传承与发扬做出了巨大的贡献。据统计，从1944年12月开馆到1947年8月，共计开放827天内，观众达160万多人次，平均日参观达1946人次。开馆期间总参观人数达36万次，创当时博物馆参观人数之最。它的成立也正如翁文灏在其开幕式上所言：它代表着科学的大众化。[①]它是“科学大众化、大众科学化”不可或缺的教育工具与教育途径。

中国西部科学博物馆（以下简称“科学博物馆”）虽在战时发挥了巨大作用，充当了教育者的角色，但同时也存在着一些问题。第一，科学博物馆在内容上更偏向于展览，它的教育意味略显不足，有些工业，固然可以用简括扼要的固定说明（包括图表和文字）来阐明其内涵。但是一般的工业大抵需要详尽的解释，甚至是一些实际的表演来补其不足；第二，科学博物馆以“大众科学化、科学大众化“为双重目的，所以科学博物馆的内涵应该是“万有”的，应该在总的方面明示科学的发展历程以及未来的发展趋势。在横的方面，能够显示科学领域的广漠及其与国计民生的关系。科学博物馆现还处于草创阶段，它的设施还有很大的完善空间；第三，科学博物馆以搜集、保管和展览为主要职责，达成大众科学的研究学习和兴趣修养为目的，它的对象也应该包括科学家和普通民众。因此科学博物馆的内容除应求其“博”，在表现形式上也应该力求通俗易懂。

①《中国西部科学的新苗床：记北碚科学博物馆的成立及中国科学社的三十周年》，《民主与科学》1945年第1期，第60-62页。

高坑岩水电站与北碚的“电灯时代”

近代北碚的电灯照明始于1927年，此后，尤其是抗日战争时期大量人口、工厂及单位的内迁，电力需求空前增加，极大地促进了以高坑岩水电站等为代表的电站、电厂的兴办，从而带动了民用及公共照明事业的发展，使得北碚电灯时代真正到来。

一、早期北碚用电与高坑岩水电站的缘起

抗战以前，北碚还是一片土匪出没的山区，居民大多靠桐油灯（或菜油灯）照明，用煤油的“美孚灯”要算高级用品，许多人一生未见过电灯。1927年，卢作孚任三峡峡防局局长后，开始在北碚筹划电厂，才开始安装电话和电灯。由于发电量有限，仅能供三峡织布厂生产用电和附近机关办公照明，这是北碚使用电灯照明的开始。

1930年三峡染织厂建立，该厂自备蒸汽机发电，所发电量除供应本厂使用外，还供北碚的部分机关、学校和附近少数居民的照明。1938年6月，北碚开始筹设公共发电厂，该电厂租用了民生公司的一部瓦斯机发电，北碚才有了公共照明供电设施。由于该发电厂装机容量只有25匹马力，故该电厂的发电量仅能供15瓦电灯800盏用电，而当时居民用灯

已达900余盏，剩余照明仍需依靠大明发电厂(1938年6月原三峡织布厂发电机组改组为大明发电厂)分出电力补充。当时北碚因公共电力供应匮乏，严重影响着公共事业发展。如北碚无电影院，到1938年前未曾放映过一场电影，抗战宣传演出多半用煤气灯照明。1938年9月30日，北碚实验区开展电化教育时，举办电影晚会，在体育场免费放映苏联影片《夏伯阳》《体育大游行》等片，那时北碚常住居民只有5000人，而来看电影的达八九千人，电影放映的用电是临时在河边停靠的民生公司轮船上发电，用临时电线引到体育场，放映中由于水流将轮船冲动导致电线被拉断，电影被迫停放，直到深夜也未能恢复供电。由此可见当年公共用电之艰难。

1937年11月，国民政府决定迁都重庆，北碚划为了迁建区。此后，陆续迁到北碚的机关、学校、工厂及科研单位数以百计，使北碚居民人口大量增加，照明和动力需求也日益迫切，原有的25匹马力瓦斯机的公共需求发电量远不能满足需求。故民生公司总经理卢作孚协调各方，开始筹划利用歇马场、龙凤溪高坑岩瀑布的水力建立新的发电厂，以满足北碚一带的照明等用电需求。早在1932年，民生公司就开始筹划此事，派工程师张华到高坑岩一带勘测水量和地势。张华等在对梁滩河流域进行实地规划、勘测的基础上，于1933年做出初步建设电厂的规划方案。然而，由于当时民生公司忙于扩大运输业务，难以抽出资金，致使规划未能付诸实施。高坑岩瀑布如图9所示：

高坑岩瀑布

资料来源:《高坑岩瀑布:水力约五百匹马力(照片)》,《北碚月刊》,1940年第3卷第4期,封一页。

从上图不难看出高坑岩瀑布绝崖陡落,水流湍急,为开发水电最优良之处所,利用其地理优势兴办水电工程可做到“三省”——省时、省力、省钱,无疑是兴建水电工程的绝佳地址之选。有鉴于此,为满足北碚照明用电等需求,1941—1942年,国民政府行政院水利委员会再次派员进行测量,并促使高坑岩水电站工程建设提上日程。

二、高坑岩水电站建设

在上述测量、规划的基础上,1942年2月25日,国民政府行政院水利委员会水利示范工程处北碚龙凤溪工务所成立,该所拟在北碚大磨滩建立小型水力发电厂并兴办附近高地灌溉工程与返溪小型航运工程,由于高坑岩水力发电站工程规模超过预期,而经费有限,该年仅完成了设计工作。鉴于高坑岩水力发电站工程关系到北碚经济、工业发展，以及附近风景迁建区建设，故各界希望电厂工程早日完成。如：曹瑞芝为推动工程的早日实施，从“动力之研究”“水权之取得”“电力之销售”“计划大纲”与“工费估计及分配”等方面提出了建设高坑岩水电站较周详的建议。

另外，曹瑞芝等人还对高坑岩水电工程建设提出规划建议，并绘制了《北碚高坑岩水力发电厂初步计划设计图：总平面图及发电厂地形图》，如下图所示：

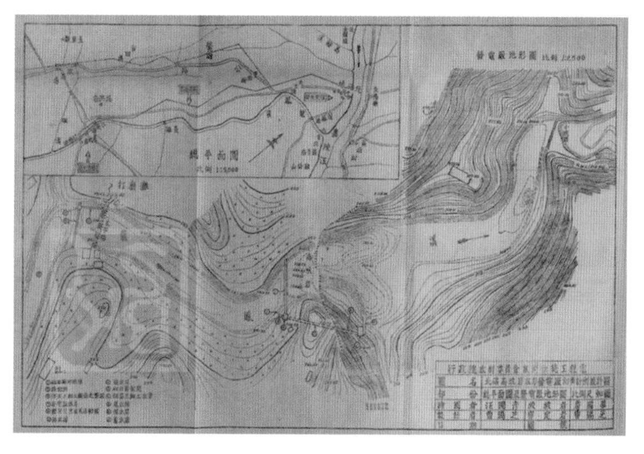

北碚高坑岩水力发电厂初步计划设计图：总平面及发电厂地形图

资料来源：汪国彦、曹瑞芝、詹国华等：《北碚高坑岩水力发电厂初步计划设计图：总平面图及发电厂地形图》，《行政院水利委员会季刊》，1942年第1卷第1期，第1页。

1943年初，卢作孚与水利委员会主任薛笃弼、四川省水利局局长何北衡提议集资兴办高坑岩水电站，得到了国民政府水利委员会、经济部工矿调整处、川康兴业公司、民生实业公司、天府煤矿、重庆电力公司、中央银行、交通银行、金城银行等单位的支持。1月6日至7日，上述单位相关人员在北碚召开了兴办电站的筹备会议，会议上推中央银行、中央工业试验所、中央农业实验所、行政院水利委员会示范工程处、华生公司等单位负责筹建，还商定成立电力公司，认购股金。同年6月2日，电力公司成立，推选薛子良、张丽门、卢作孚、顾季高、刘航琛、邓鸣阶、戴自牧、孙越崎、税西恒为董事，何北衡、杨筱斋、李祖秀、宋海涵为监察人，钱新之（永铭）为董事长，公司名称为富源水力发电公司，公司聘金城银行专员谭锦韬为经理，聘中央大学教授谢家泽兼任高坑岩水电厂厂长和总工程师。1944年，北碚高坑岩水力发电厂工程的大部分工程基本竣工，高坑岩水电站建设亦初具规模，从而为北碚电灯照明提供了稳定的电力供应基础。

当然，水电站的建设也并非一帆风顺。1944年7月7日，龙凤溪涨水，水电站的一艘船被冲进闸内，工程师贾立勋、叶遇荣等为避免水闸遭破坏，进行抢险，不幸遇难，这是高坑岩水电站建设史上的巨大损失。这些工程师的遇难，一度影响着水电站的后续建设，后由谢家泽教授重新主持工程建设，一期工程于1944年12月下旬才完工。

高坑岩水电站于1943年8月1日动工，到1944年12月一期工程竣工，总投资额达七千万元。高坑岩水电站的初步建成，解决了抗日战争期间北碚用电的困难，促进了北碚电灯照明事业的发展。

高坑岩水电站一期工程完成后，经过调试，在1945年元旦正式向北碚稳定供电，由此开启了北碚崭新的电灯时代。

北碚蚕种场与川东丝业

中国作为农耕国家，在男耕女织的小农经济影响下，非常重视养蚕缫丝。川东地区的蚕丝业历史悠久、享誉华夏，最早可以追溯至唐宋时期。鸦片战争后，随着中国生丝出口的增长，近代化的蚕桑技术和经营管理经验传播到川东。同时，来自国际市场的压力日趋紧迫，传统的蚕丝业面临巨大挑战。在内外形势的重压之下，重庆地区的蚕丝业涅槃重生，走上了改良革新的道路。

一、享誉世界的北碚蚕种场

1869年，重庆府设立蚕桑局，于浙江湖州引进蚕种。从此，北碚植桑者渐多，沿江两岸桑树蔚然成林。1890年，重庆开埠通商，成为近代通商口岸之一，在川东地区得风气之先，是内地西学东渐的一块高地。其后，重庆地方官绅尝试结合近代技术，推进蚕桑的改良革新。合川籍史学家兼实业家张森楷，被誉为“川东蚕桑之父”。1900年，他筹办“四川蚕桑公社”，引进人才，培养学生，用新法植桑、养蚕、缫丝。1903年，张森楷前往日本考察办学实践，游日期间，他得到日本教育家嘉纳五治郎介绍蚕校的组织章程及教授技艺诸方法和种桑、育蚕、选种等多方面的经验，获得了不少办蚕桑实业中学堂的新知识，还从日本购得一批仪器设备。

1903年，锡良就任四川总督，大力提倡发展工商业。1904年，省府设劝工总局，作为推动实业发展的总机构；1907年又设劝业道，由日本留学归来的周善培主持，通令各州县广设劝工局，鼓励兴办工商实业和蚕桑教育机构，蚕桑师范传习所、女子缫丝传习所、蚕桑学校等都在这一时期兴办。这一系列活动促进了重庆地区蚕丝业的近代化。

1915年，民国农商部饬令四川蚕务局在巴县、合川、奉节、万县等地设蚕务局，指导重点蚕桑产区的生产技术。1933年8月，重庆第一个蚕桑指导所成立，地址设在巴县蔡家乡（今北碚区蔡家镇）。指导所成立后，即通令附近育蚕之家赴所注册登记后发给白茧种，悉令烧毁土种，禁止兼育土种。

1934年，国民政府对蚕桑实行统一管理，蚕桑管理使得蚕丝业的发展进一步规模化和专业化，且便于推行蚕桑指导和改良工作。1936年7月，省蚕丝改良场在重庆召开全省指导工作研讨会，决定在重庆增设推广区，计有江北县静观场（今北碚区静观镇）、水土沱（今北碚区水土镇）、璧山城区、河边场、巴县蔡家场等五处设立蚕桑技术指导所。蚕业技术指导所派遣人员对蚕农进行实际指导，其指导工作大致分为领发蚕种、稚种共育、改良上蔟、蚕室蚕具消毒、技术指导、合作烘蚕及产销合作等数项。

1933年1月12日，重庆地方政府和重庆丝业界、金融界等联合成立了“川丝整理委员会”，下设农业、工业、商业三个组，其中农业和工业分别负责改良植桑养蚕和改良机械指导生产。同年，在北碚创办蚕种场，养殖推广杂交改良种，由于改良蚕种品质优良，蚕种远销印度、缅甸等地。

1936年，重庆地区还成立了蚕业指导所，积极进行蚕业宣传推广。以文字告示形式印发张贴，宣传共同催青、雏蚕共育、合理饲养、桑树管理、病虫防治等方法和要求；或是利用逢场日期和集会宣传讲演；或是在农闲时期集中训练蚕户，开办蚕户训练班；又树立养蚕示范户，普及育蚕技术并鼓励农民竞育改良蚕种。同时，蚕丝改良场还从浙江购进湖桑苗20万株，集中在北碚等地推广。

重庆地区比较典型的蚕种场是北碚蚕种场和西里蚕种场。1935年，重庆大华生丝贸易公司经理黄勉旃、童斗皋同四川蚕桑指导所陈葆清、孙泽澍在巴县蔡家场土主庙创办惠利农场，为中国西南地区最早开办的改良蚕种场，陈葆清任场长。当年成功生产改良北碚桑蚕种6000张。1937年7月，惠利农场更名为四川丝业股份有限公司巴县蚕种制造场（1944年8月改名为西里蚕种场）。

1937年2月，四川建设厅技正陶英偕周海寰、省蚕桑改良场场长尹良莹、蚕桑指导员王业义等在北碚上坝创建四川省蚕桑改良场川东分场，陶英兼任场长，当年生产改良北碚桑蚕种13116张。1937年7月，更名为“北碚蚕种场”。

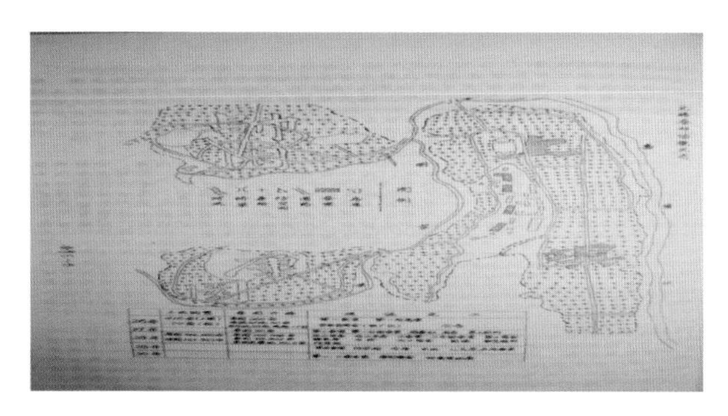

北碚蚕种场概况

在北碚桑蚕种的形成和发展的进程中，西里蚕种场和北碚蚕种场承担了主要职责，发挥了积极作用，做出了重要贡献。1938年初，“两场”划归设在重庆的四川丝业公司。从此，北碚成为四川桑蚕种育种中心，北碚蚕种场成为当时中国最大的蚕种场。

抗日战争期间，江、浙、粤、鲁等省，蚕业全部停止，大批蚕业技术人员来川，其中大部分人来到北碚，参加“两场”工作。农林部中央农业实验所蚕桑系也迁至上坝。著名蚕业专家孙本忠博士曾在此选育黄皮蚕。农林部长沈鸿烈、四川丝业公司董事长何北衡、总经理范崇实等，均曾多次陪同苏联、英国、加拿大大使馆人员，英、法、瑞士等国外交人员，法国商务专员，法国经济代表团，印度农学专家等参观。国际宣传处专门邀请中国电影制片厂，对北碚桑蚕种繁育过程拍摄纪录片，寄往英、美两国救济委员会宣传。抗战期间，“两场”生产优质北碚桑蚕种137万余张，占四川全省桑蚕种总产量的50%左右，不仅满足了国内桑蚕种的需要，还为印度提供了北碚桑蚕种原种300张和北碚桑蚕种普种10483张。

如今北碚蚕场

1946年3月，经济部商标局依法审定核准北碚蚕种场繁育的北碚桑蚕种“桑叶牌”注册商标，西里蚕种场繁育的北碚桑蚕种“桑椹牌”注册商标。其后，“两场”均沿用该商标，并重新申请注册。至今，北碚的蚕桑业对地区经济的发展仍然发挥着重要作用。

二、川东蚕丝业盛极一时

蚕种技术与蚕丝技术密切相连。清末以来，北碚蚕种技术的改良与发展，有力推动了川东缫丝业的发展。从全国来看，民国时期北碚及周边合川等地的蚕丝生产，领先于其他地区，拉开近代重庆地区蚕丝业近代化的帷幕。

前述张森楷在创办的“四川蚕桑公社”，在育种的同时，也大力发展缫丝。1903年，该公社开办“复缫土丝工厂”。1906年，丝厂年产土丝5000余磅（2270余公斤），1907年，产丝200余担(每担50公斤)。1908年,该厂增资扩产,经四川劝业道立案,正式命名为“四川第一经纬丝厂”,张森楷任总办,年产丝200担,商标为“英雄牌”,销往重庆、上海、云南以及缅甸、越南、印度等。

强劲的发展势头,带动了周边小丝厂的不断出现。至民国初期,川东地区成为全国重点蚕区。生丝产量及贸易额居于全国前列。以合川为例,日军全面侵华之前,其生丝产量最盛时期,年产丝2000担左右;大河坝一处,在极盛时,有木车丝厂三家,年产生丝1000余担。生丝与桐油、白蜡等并列,成为重庆出口贸易的主要商品。鉴于蚕丝出口增加,中央及地方政府开始出台蚕桑政策和设立蚕桑机构鼓励蚕丝业的发展。在各方推动下,重庆蚕丝业在生产、销售和教育等方面均都取得了长足进步。

杂交水稻之父袁隆平的北碚情缘

袁隆平

袁隆平祖籍江西省德安县，曾祖父袁繁义早年弃农经商颇有积蓄，家族也因此日益兴隆，逐渐成为县中“望族”。经商得富的袁繁义重视后代教育，袁家可谓人才辈出。袁隆平的祖父袁盛鉴曾考中举人，辛亥革命后历任德安县知事存记、江西省议会议员、德安县高等小学校长、广东省文昌县县长等职。袁隆平的父亲袁兴烈则毕业于南京东南大学中文系，担任过德安县高等小学校长、督学等职，20世纪20年代至1938年任职于平汉铁路局。其母亲华静于协和护士学校毕业后与其父亲结婚，可以说袁隆平出生于一个书香世家。根据袁隆平的讲述，1930年9月其在北京协和医院出生后不久，全家即由北平（今北京）返回江西老家德安。1936年，全家又离开德安迁居汉口。而随着1937年7月全面抗战爆发，1938年武汉失守，袁隆平全家遂展开了逃难之旅，并于1939年春辗转来到战时陪都重庆。由此拉开了袁隆平与重庆的不解情缘。

一、举家迁渝

1938年，时年8岁的袁隆平跟随父母自汉口动身，一家7口乘坐一只木船，逆流而上，先至湖南桃源，后至湖北宜昌转乘民生公司民朴号轮船前往重庆。全家人一路辗转漂泊，敌机轰炸亦如影随形。至桃源的第二天，桃源即遭到日机轰炸。敌机散去，年幼的袁隆平不听从父母的劝告，执意跟随船工跑到桃源街上，看到数里长街变成了一片废墟，街上更是尸体遍地。1939年，袁隆平一家抵达重庆后不久，日机对重庆实施了大规模轰炸，制造了五三、五四大轰炸。轰炸中日机大量使用燃烧弹，致使重庆市中心大火两日，商业街道尽被烧成废墟。两次轰炸共造成4572人死亡，3637人受伤，1949栋房屋被炸毁、烧毁。目睹了布满江边沙滩上的上百具血肉模糊的尸体，从这种种的惨剧中，幼小的袁隆平也由此明白了一个道理："弱肉强食。要想不受别人欺侮，我们中国必须强大起来。"①

来到重庆的袁隆平一家在重庆南岸的周家湾狮子口龙门浩街27号住下，袁隆平的父亲袁兴烈因为之前协助西北军转运军火，发动一个企业家捐献500把大刀赠送给西北军"大刀队"等事，为此得到了国民政府爱国将领孙连仲的赏识，继而被委任为孙连仲的秘书。随着袁兴烈工作的确定，一家人的生活也终于安定下来。袁隆平随后被送入龙门浩小学就读。

---

① 袁隆平口述，辛业芸访问整理：《袁隆平口述自传》，湖南教育出版社，2010，第11页。

龙门浩小学创立于1912年，前身为重庆市巴县县立第一女子小学。1938年学校更名为重庆市立第十一区龙门浩中心国民学校，时任校长郑佩昆是一位杰出的女教育家。她在出任校长期间，一方面向社会各界募集款项扩建学校，另一方面在实际教学中贯彻“教育以儿童为中心之精神，为教导之心理起始；依民族至上之精神，为教导之社会目的”的理念，引领学校不断发展。龙门浩小学20世纪40年代迈入重庆市先进学校行列，被陪都教育部评为国民教育示范校，成为重庆市十大名校之一。[①]袁隆平在龙门浩小学学习期间，接受了系统全面的基础教育。1942年，袁隆平结束小学教育，先是进入复兴初级中学，后转学赣江中学。因大哥袁隆津的坚持，1943年袁隆平继而转学博学中学。博学中学前身为英国基督教伦敦会创办的教会学校汉口博学书院，1928年经由中华基督教会改组，改名为私立汉口博学中学。全面抗战爆发后，该校先是迁至四川江津，后又搬迁至重庆南岸黄桷椏背风铺。该校虽是教会学校，但学校内的宗教活动并不多，信教与否，完全自觉自愿。重视英语教师可以说是博学中学的特色之一。不但英语由外国人教授，基本课程如物理、化学也是外国教师用英文授课。其他课程不及格可以补考，而英语不及格则要留级，因此学校学习英语的风气十分浓厚。根据袁隆平的回忆，在这种全英文的环境中学习英语，他的英语水平得到了极大的提升。他之所以能够在频繁的国际学术活动中熟练运用英语进行交流，主要是这一时期所

① 郭久麟：《袁隆平传》，西南师范大学出版社，2016，第18-19页。

打下的基础，对于他的成长起了“决定性的作用”。随着抗战的结束，1946年袁隆平全家迁回汉口，博学中学也于同时迁回汉口，袁隆平继续在博学中学高中学习。可以说袁隆平在重庆完成了自己的基础教育，这也为他今后的成长奠定了基础。

1948年初，袁兴烈因受时任南京国民政府侨务委员会主任刘维志的赏识，被调到侨务委员会总务司做帮办。全家人也因此由汉口迁至南京。1949年4月，伴随着人民解放军跨过长江，身为国民政府官员的袁兴烈带领全家乘坐最后一趟火车离开南京，再次来到重庆。此时的袁隆平已修完高中课程，准备报考大学。而在此问题上，袁隆平与父母产生了分歧。袁隆平决定学农，其父亲觉得学习理工、医学前途会更好。母亲也认为学农很苦，学农即意味着当农民了。于袁隆平个人而言，学农可以说是他儿时的梦想。根据他的回忆，之所以选择学农，是缘于他儿时的一段经历。袁隆平在汉口扶轮小学读一年级时，曾在老师的带领下参观了一个资本家的园艺场。园艺场中各色的花铺，红红的桃子、一串串水灵灵的葡萄，使得当时的袁隆平十分向往那种田园之美、农艺之乐。随着年龄的增长，这种愿望愈发强烈，学农可以说已成为他的人生志向。在袁隆平的坚持之下，父母亲最终尊重儿子的选择。在确定志愿后，选择报考哪所学校成为袁隆平思考的问题。此时国民政府所辖下的西南地区的四川仅剩几所大学，其中位于北碚夏坝的相辉学院成为袁隆平的首选。

二、在碚学习

相辉学院为抗战胜利后复旦同学会利用复旦大学在北碚夏坝的临时校址所设立的学校。1939年,上海复旦大学内迁至北碚夏坝建立临时校址。抗战胜利后,复旦大学决定迁回上海。卢作孚有感抗战胜利后,原随政府内迁的各高校会先后迁返原址,以致四川原有大学顿感不敷,"莘莘学子多感升学无所遂",乃邀集复旦校董于右任、邵力子、钱新之、李登辉、吴南轩、康心如、康心之等人发起组织相辉学院,利用复旦大学夏坝校址继续办学。此举得到了国民政府教育部与复旦大学方面的积极响应。1946年9月,相辉学院正式招生,下设农艺、文史、外文、经济、银行、会计5个系,其中农艺系另伴有200多亩的实验农场,为该院最具实力的院系。1949年9月上旬,袁隆平正式进入相辉学院就读,相辉学院继承了复旦大学"学术独立,思想自由"的办学方针,宽容的教学氛围、自由的学风,使得袁隆平在此学习如鱼得水。1950年9月,西南文教部决定以四川省立教育学院农科三系为基础,联合相辉学院、华西协合大学农艺系组建国立西南农学院。同年11月27日,中央人民政府教育部发文,正式同意组建西南农学院。西南农学院正式创立,并暂以夏坝相辉学院为校址。袁隆平因此由相辉学院农艺系转到西南农学院农学系,直至1953年毕业。可以说袁隆平在北碚度过了大学四年的美好时光。初入大学的袁隆平对于学校,对于北碚都颇感新奇。早在入学之前,袁隆平即对北碚有了深入的了解。袁隆平一家由宜昌到达重庆后，父亲就经常给他讲起卢作孚，讲起卢作孚建设北碚的历程。入学的第二天，他就约刚刚认识的同班同学杨其佑、林乔、王运正等一起游览北碚。北碚清幽美丽的环境给袁隆平留下了深刻的印象。

袁隆平和他的同学——西南农学院1952级毕业生（西南大学档案馆提供）

时世的变动深深地影响了学校的教学，也促使袁隆平对农学、农民有了更深的体察。1952年，西南农学院根据川东行署文教厅和土地改革委员会的安排，于当年2月下旬至5月底派出部分学生前往大足县各区、乡参加土地改革运动，袁隆平就在其中。在参与土地改革运动的过程中，袁隆平第一次深刻地接触到了农民，才知道真正的农村是又苦又累又脏又穷的地方，但这并没有吓退他反而更加坚定了他学习农学的信念。他暗下决心，立志要改造农村，为农民做点儿实事。袁隆平在西南农学院学的是遗传育种专业，当时任课教师中有一位管相桓教授，因为其名字含有管仲辅佐齐桓公的历史故事而被袁隆平所深记，管教授对他今后从事杂交水稻研究影响深远。管相桓为我国著名的水稻专家，1931年他考入国立中央大学农艺系，在稻作专家赵连芳教授的影响下，他立志为我国稻作科学奋斗终生。为此他先后留学日本和美国，并从事大量科学研究。1935年，他就任四川省稻麦改进所技正兼主任，主持全川稻作改进事宜。1937至1940年间，他主持四川省地方农家水稻品种的搜集、普查、比较研究及鉴定工作，率领人员深入农村，共检定4238个品种，从中选育成20个水稻良种。在此基础上，他还主编了《四川省水稻地方品种检定汇编》一书。管相桓为我国水稻改良的先驱之一。新中国成立后，管相桓放弃美国的优厚条件主动回国，任西南农学院农学系教授兼系主任、遗传学教研组主任，为西南农学院的创建和发展做出了突出贡献。袁隆平回忆管相桓教授遗传学，当时中苏建交，在一切向苏联看齐的情况下，遗传学只能教苏联米丘林、李森科的学说，但管仲桓崇尚孟德尔遗传学，他认为米丘林的“环境影响”学说是“只见树木，不见森林；只见量变，不见质变，最后什么都没有”。在管仲桓的影响下，袁隆平利用课余时间去阅读多种中外文农业科技杂志。在广泛的阅读中，袁隆平了解了孟德尔、摩尔根的遗传学观点，并有意识地将他们不同的学术观点进行过比较，并开始自学孟德尔、摩尔根的遗传学。在学习过程中，管仲桓给袁隆平以莫大的帮助。后来袁隆平前往安江农校任教，在实际工作中，他按照米丘林、李森科的理论搞了三年，却一事无成，进而使他更深刻地认识到了老师坚持的才是正确的，“那才是真正的科学”。从1958年起，袁隆平开始走孟德尔、摩尔根遗传学的道路，并用它指导育种。此外，大学期间的袁隆平在学习之外，还热衷于音乐和体育运动，特别是游泳技术堪称一流。1952年，贺龙元帅主持西南地区运动会，袁隆平参加了游泳比赛获得川东区比赛第一名与西南地区游泳比赛第四名的好成绩。得益于经常性的游泳锻炼，袁隆平有着非常优异的体质，并于1952年通过空军选拔，但终因政策调整而未能如愿。

袁隆平自1949年9月考入相辉学院至1953年毕业于西南农学院，在北碚度过了四年的美好大学时光，他接受了非常扎实的、系统的大学教育，为他今后的发展奠定了深厚的基础。1953年袁隆平参加工作后，也时常回到北碚，回到母校看望老师，浓浓情缘难以忘怀。

西师与西农迁建北碚纪实

全面抗战爆发前，北碚的学校教育发展极为薄弱，只有若干小学，私立兼善中学、世界佛学苑汉藏教理院。全面抗战爆发后，各种学术研究机构、高校汇聚北碚，其中即包括诸如复旦大学、国术体育专科师范学校、江苏医学院、国立歌剧学校、私立立信会计专科学校等内迁高校，驻碚专家学者近三千人，北碚一时成为颇具名望的文化区。据统计，抗战时期在北碚开展高等教育活动的各类大专院校，包括迁建与自建者共计15所。抗战胜利后，各高校纷纷回迁，北碚高校仅余利用复旦校舍所设私立相辉文法学院，以及立信会计专科学校所遗高级会计职业学校，私立勉仁文学院、私立健生艺专校、中国乡村建设学院等数所高校。[①]囿于时势环境影响，以上高校大多存在资金不足、设备简陋、课程紊乱等现象，难以维持。西南地区解放之初，中共西南军政委员会文教部接管西南各地高校。在进行深入调查后，文教部认为"西南公立高等学校为数虽多，但由于多年来反动统治结果，造成课程紊乱，设备简陋，人事复杂，宗派林立"。因此决定对其中条件不具备、经费拮据的私立院校作停办撤销处理；对专业设置重复、规模过小、不适应新中国经济建设的

① 重庆市北碚区地方志办公室编印:《北碚志稿》(第1卷),2016,第16页。

学院进行改造与重新组合。[1]在此背景下，位于北碚的私立勉仁文学院、私立相辉文法学院等相继改造、撤并与重新组合，最终组建为西南师范学院与西南农学院。

一、西南师范学院的组建与迁碚

1950年，中共西南军政委员会文教部派人深入四川省立教育学院和国立女子师范学院进行调查后，认为四川省立教育学院学系杂乱，设备简陋，且院内所设农艺、农制、园艺三系与师范六系完全两样，实有调整的必要。同年6月，重庆市第二次人民代表大会提出将四川省立教育学院师范性

西南师范学院建校初期的大门（即原川东行署大门）

① 黄蓉生、许增纮主编《西南大学史》（第1卷），西南师范大学出版社，2016，第412-413页。

质的六系与国立女子师范学院合并。在此情况下，同年8月22日，四川省立教育学院成立“国立西南师范学院筹备委员会办公处”，筹备并校事宜。1950年10月12日，中央人民政府教育部同意四川省立教育学院与国立女子师范学院合并，更名为西南师范学院。至此西南师范学院正式成立。[①]

西南师范学院在正式建校之后，校址除设于重庆磁器口原四川省立教育学院旧址外，另有原国立女子师范学院保育系、音乐系、美术工艺系及体育科即因磁器口校舍及设备条件问题而留在原校址。随后不久，西南军政委员会文教部综合考虑西南地区经济建设及教育发展情况，认为磁器口校址过于狭窄，且无拓展的余地，于是决定在沙坪坝重庆大学对面，拨1200亩作为新校舍。1951年，文教部拨出专款160亿元作为第一期建校费用，并继而在首先征用的400亩土地上建设了5栋教学大楼、9栋宿舍。但是此举仍未解决西南师范学院办学地点分散、学校空间狭小的问题。

四川省解放之初，为便于管理，按照中央人民政府决定分为川东、川南、川西、川北4个行政公署。1950年1月1日，川东行政公署成立，驻地初设重庆南岸黄桷椏，1952年移驻北碚，当年8月7日中央人民政府决定恢复四川省建制，9月1日四川省人民政府成立，川东行政公署即日停止行使职权。而公署撤销后所遗留的土地及办公用房，自然成为众多单位竞争的对象，各种申请报告被送到中共中央西南局和西

① 黄蓉生、许增纮主编《西南大学史》(第1卷)，西南师范大学出版社，2016，第413-415页。

南军政委员会的领导面前，其中即有西南师范学院的申请。如何处理这一棘手问题？据原中共中央西南局宣传部副部长张永青回忆，面对众多单位递交的申请，时任中共中央西南局第一书记的邓小平作出指示：要把好的地方用来办教育。也正是在邓小平的亲自关切下，中共中央西南局和西南军政委员会决定，将原川东行署土地划给西南师范学院。[①]

迁校令发布后，在全校师生中引起了强烈的反响。除小部分教职员工认为北碚远离重庆市中心，交通和信息传递皆不便利，反对迁校之外，大部分教职工对此表示赞同，并对新校址充满了期待。事后有教师回忆道："北碚我们从来没去过，半个月前，听说学校要北迁的消息后，大家就一直在想这个问题。大家实在想象不出西南师范学院新校址的样子，难免有些忧心忡忡。然而从沙坪坝由陆路先行一步到北碚的师生已经发现，西南师范学院新的家，在缙云山下，校园面积大，占地数千亩；绿树新楼，景色美极了……"[②]在此背景下，迁校工作开始顺利展开。1952年9月21日，全校师生员工开始自九龙坡、磁器口、沙坪坝三地向北碚迁移。10月2日，西南师范学院北碚办事处成立，10月9日，学院行政机关迁至北碚，10月10日，学院正式在北碚新址办学。此时期恰值全国院系大调整，四川大学教育系、教育专修科、中文专修科、史地专修科，重庆大学中文系、外语系，华西大

① 邓力主编《那时 那人 那些事儿——西南大学漫画96则》，四川大学出版社，2012，第240页。

② 邓力主编：《那时 那人 那些事儿——西南大学漫画96则》，四川大学出版社，2012，第241页。

学数学系、生物系、外语系、音乐系，川东教育学院教育行政系、中文系文艺组、生物化学系以及西南工业专科学校和乐山技艺专科学校部分师生并入西南师范学院，10月26至29日，以上院系师生先后抵达北碚。至此，西南师范学院完成迁碚。

二、西南农学院迁建大生桥

在西南师范学院举校迁移北碚的同时，西南农学院亦在筹划搬迁。根据最初的规划，西南农学院以私立相辉文法学院作为学校主校址。选定此地的原因在于其靠近西南军政委员会农林部、川东行署农业厅、北碚农事试验场、川东林业试验场、西南农业药械厂、北碚农场等单位，不仅可以综合了解西南地区农林建设情况，还可以为教师与学生的科研、实习提供便利。但随着全国院系调整的展开，诸多学科专业被并入西南农学院。自1952年1月10日，乐山技艺专科学校农产制造科并入西南农学院开始，至1953年完成，先后有四川大学园艺系、蚕系、农业化学、植物病虫害等5系，云南大学园艺蚕桑系，贵州大学植物病虫害、农业经济、农业化学等3系，川北大学农业经济及乐山技艺专科学校蚕丝系，西昌技艺学校农艺、园艺、畜牧等3科，西南贸易专科学校茶叶专修科等校共计16个系科并入西南农学院。经过院系调整后的西南农学院一时集中了西南地区大部分农科和农业经济管理学科的师资及设备，成为西南地区第一所独立的多科性的高等农业学校。学校科系规模的扩大,所带来的第一个问题即校内空间的不足。①

50年代西南农学院大门

为解决校址问题,西南农学院提出了三套方案,一是在夏坝就近扩大校址;二是以北碚天生桥西南农林部农事试验场(原国民政府中央农科所)为基础扩建校舍;三是在其他地方另选新校址。首先,夏坝旧址校舍多为复旦大学在抗战期间所建,房屋不敷分配且破旧,原有试验土地仅剩400余亩,且多已租出。扩建之事,遂告终止。其次,在扩建无望后,1951年春,重庆市郊进行土改,西南文教部与西南农林部指示在重庆沙坪坝划拨2951.63亩土地作为永久校址。但该地又因被辟为城市建设区而作罢。最后,经西南农林部同意,1952年9月,天生桥农事试验场成为西南农学院的新校址。12月,西南农学院与农事试验场双方办理交接手续。

① 西南大学史编委会:《西南大学史》(第3卷),西南师范大学出版社,2016,第14-15页。

1952年10月,西南农学院成立了由7人组成的建校委员会,下设建设办事处开始建校事宜,并计划于1954年暑假迁入。10月25日,天生桥新校址开始破土动工,新校址建筑面积为23499.9平方米,其中学生宿舍2栋,教职员住宅44栋,行政用房1栋,教学大楼1栋,另有养蚕室、果蔬贮藏及加工实验室、气象实验室等。如此巨大的工程规划时间仅为一年,任务不可谓不重。同时设计、施工、资金等一系列问题也随之而来。

对此,西南农学院领导决定自力更生,自行建校。西南局文教部对此表示认可,遂调派7名工程技术人员,另从重庆大学调来10名职工,临时从北碚市劳动调配站调来职工等组成建校队伍。后又经西南农学院与北碚电力局商定,自北碚市中区架设了一条长约3千米的输电线至天生桥,由此解决了学院建设用电问题。建设材料的运输方面,学院除自购3辆汽车,并向运输公司租用4辆卡车外,其余皆通过工人人力搬运,可谓"马车、鸡公车、人力板车、肩挑背扛一齐上"。此外,学院还自行开办了2家石厂、3家砖瓦厂以保障建筑材料的供应。最终经过学院上下齐心的努力,至1954年学校校舍建造完成。[①]1954年5月6日,学院第一批开始搬迁,6月27日至28日,学院全体学生和行政人员迁入新校舍,7月1日学院正式办公,8月上旬住宅区眷属搬迁完成。至此,西南农学院搬迁完毕。

---

① 邓力主编:《那时 那人 那些事儿——西南大学漫画96则》,四川大学出版社,2012,第243-244页。

搬迁完成后的西南农学院与西南师范学院比邻而居，两校系出同源，在北碚这片热土上不断发展，两校也因美丽的校园环境而成为北碚一景。2005年，西南师范大学与西南农业大学合并为西南大学后，对北碚经济发展做出了诸多努力。如在人才培养方面，北碚区委、区政府及其所属部门工作人员不少毕业于西南大学，在基础教育和农业科技战线上的工作人员更是不可胜数。在智力咨询上，西南大学通过民主党派、专家学者、人大代表和政协委员建言献策，为北碚的发展贡献自己的智慧。在经济发展上，西南大学数万人的常住人口，成为北碚经济发展的重要压舱石，有效地拉动了北碚的经济增长。总之，北碚孕育西南大学，西南大学反哺北碚，共同绘就美好篇章。

中国土壤科学的开拓者侯光炯

侯光炯又名侯翼如，世界知名的土壤学家，原西南农业大学教授，博士生导师，中国科学院院士。1905年侯光炯出生于江苏省金山县(今上海市金山区)的一个贫寒家庭。侯光炯的父亲侯立本，年轻时曾在当地染坊当学徒，为人勤奋好学，他当学徒的过程中苦读等医学著作，并拜访各地名医，成为当地非常有名的中医。但时运难料，在侯光炯4岁时，侯立本因得罪恶霸惨遭迫害去世，侯光炯小小年纪即失去了父亲，使得家境更显穷苦。生活的艰辛使得侯光炯深知求学的不易，也使其更加珍惜求学的机会。

一、土壤学新秀

1918年，侯光炯以优异成绩考入江苏南通甲种农校。在校期间，为了更好地了解和学习世界先进科学知识，他发奋努力，刻苦学习英文，并坚持用英文作课堂笔记。1923年，南通甲种农校改制，改为南通大学农科，侯光炯凭借优异的表现，免试进入该校继续学习，并享受助学金。1924年，侯光炯转入北京大学农学院就读，为了供侯光炯继续求学，侯光炯的哥哥只得将家中老屋抵押，凑钱帮侯光炯完成学业。1928年，侯光炯以全优的成绩毕业，毕业后其先在北京大学农学院图书馆任管理员，其后担任北京大学农学院农化系主任的助教。1931年，中央地质调查所决定绘制《中国土壤概图》，需招聘3名调查员。侯光炯通过层层面试，最终被聘为中央地质调查所土壤研究室的土壤调查员。侯光炯也因此机会实现了自己从事土壤学研究的愿望，进而以此为起点逐步迈入事业的顶峰。

中央地质调查所由中国著名地质学家章鸿钊、翁文灏发起创立，1916年正式成立。长期以来该所的创立，被中国学者视为中国近代科技体制化的开端。在章鸿钊的积极倡导和中华教育文化基金会的委托下，1930年，中央地质调查所设立土壤研究室，开展全国范围内的土壤调查工作，并聘请美国技师潘德敦来华指导。由于中央地质调查所的经费有半数来自中华教育文化基金会，因此受该基金会委托设立的土壤研究室一直是该所专家学者阵容最为强大的研究室之一，该研究室的研究人员一度接近所中研究人员的20%。1931年侯光炯进入土壤研究室后，如鱼得水，很快参与到了对全国土壤的调查工作。为此他与同事一起历尽艰辛徒步考察了大半个中国，取得了大量的一手资料，并据此先后写出《河北省定县土壤调查报告》《中国北部及西北部之土壤》《四川重庆区土壤概述》《甘肃省东南部黄土之分布利用与管理》等论文，有力填补了我国在这一领域的空白。得益于以上成果，1934年侯光炯被任命为该室副主任。1935年，侯光炯与同事邓植仪、张乃凤受邀代表中国出席了在英国牛津召开的第三届国际土壤学大会。参加本次大会前，侯光炯与同事做了充足的准备，他们将辛苦搜集到的30多个整段土壤标本带到会场，得到了会上各国土壤学同行的高度认可。会上侯光炯宣读了《江西省南昌地区潴育性红壤水稻土肥的初步研究》一文，首次对水稻土的产生、层次形态划分，尤其是对水稻土层次形态与生产力的关系进行了科学论证。会后侯光炯收到来自苏联、美国、德国、法国、英国、意大利、匈牙利、荷兰、瑞典等10多个国家的代表的邀请，在中华教育文化基金会的资助下，前往各国进行为期近3年的研究访问。访问过程中侯光炯带着“中国土壤与欧美土壤有什么不同”的疑问，积极探访各国的乡村田野、高校、科研院所，发表了《土壤胶体两性活动规律》等论文。在苏联，他结识了著名土壤学家柯夫达、波雷诺夫等人，写了《红壤成分与茶叶品质的关系》一文。经过长时间大范围的考察，侯光炯深刻地认识到“欧美土壤研究方法不适合中国国情”，这也更加坚定了他进行土壤研究的决心。他谢绝了外国专家的挽留，决定回国，报效祖国。

二、困顿与重生

1937年2月，侯光炯带着撰写的《欧美土壤与中国土壤的异同》回到国内，此时已是抗战前夕。全面抗日战争爆发后，11月中旬，中央地质调查所奉令内迁，于12月抵达长沙。1938年7月，武汉告急，地质调查所再次内迁，先是到重庆市内，后为躲避空袭再度搬迁，最后落脚北碚。侯光炯亦随调查所内迁至北碚。抗日战争期间，恶劣的研究条件与艰辛的生活并未迫使侯光炯放弃自己深爱的农业土壤研究。很多时候他的女儿帮助他采集标本，妻子帮助他试验。抗战胜利后，生活濒临绝境的侯光炯幸得友人推荐，到四川大学农化系任教授兼农业改进所土肥系主任，这才使得一家人暂免饥饿。然而好景不长，内战的爆发，国统区经济的持续恶化，全家又过上了常日无饱食的日子。正如有学者所描述的，此时的侯光炯，就像一个黑夜里翘盼晨曦的行人，大旱中伏望甘霖的农夫，数天计日地期待着那个普天同庆的日子的到来。1949年12月30日，成都解放，侯光炯迎来了人生的又一转折点。

1950年3月，侯光炯应新生的中央人民政府邀请，赴北京出席全国第一次土壤肥料工作会议。会上时任中央人民政府副主席朱德致开幕词，鼓励广大科学工作者从事土壤调查研究，侯光炯深受鼓舞。侯光炯回校后，即投身农村清匪反霸和土改工作，并带领学生远赴西康等地进行土壤资源考察。在美国停止向中国出口橡胶后，侯光炯又受命赴西双版纳地区进行土壤调查工作。他带领学生跋山涉水，在蛇虫遍地的热带雨林里考察，可谓艰辛异常。最终，皇天不负有心人，侯光炯将研究成果汇总，向国务院提交《西双版纳橡胶植林规划》一文，充分论证了在北纬17度以北地区种植橡胶的可能性，为冲破美国等帝国主义对中国的经济封锁奠定了坚实的基础。同时，在新的时代环境下，侯光炯迎来了自己科研生涯的高峰。在第六届国际土壤学大会上，侯光炯宣读了《四川盆地内紫色土的分类与分区》一文，得到了与会者的高度赞赏，也正是在此次大会上，侯光炯二十年前首次提出的“水稻土”概念得到了正式认可，为此国际土壤学会决定成立水稻土专门研究小组。在第八届国际土壤学大会上，侯光炯宣读的论文《利用土壤层次评价土壤肥力的研究》被收入该会会刊。不久他和高惠民主编的，我国第一本农业土壤学专著《中国农业土壤概论》出版。也正是凭借着对工作的热情与执着，以及突出的科研业绩，侯光炯得到了国家以及同业的认可，1956 年 6 月，侯光炯被评选为生物学地学学部常务委员会委员。

侯光炯教授热心指导青年教师进行科学研究(1955 年)

正在侯光炯事业蒸蒸日上之际,“文化大革命”彻底打乱了他的日常工作。妻子的离世,多年苦心积累的图书资料、科研设备被无情地毁弃,但这一切都未能阻止侯光炯继续从事科学研究。“文化大革命”结束前夕,1975年,侯光炯提出了土壤肥力学的新理论,即土壤生物——热力学观点。在这一理论的指导下,侯光炯找到了一条培肥土壤,改造底产田土的新办法:自然免耕技术。“文化大革命”结束后,侯光炯完全恢复工作,他夜以继日地工作,似乎想要挽回浪费的岁月。自1980年春,侯光炯在四川省宜宾市长宁县相岭镇设立综合研究基地,直至生命最后一刻,长宁成为侯光炯停留最多的地方。身在长宁的他与农民同吃、同住、同劳作,远远看去与普通农民无甚区别。也正如他常对身边学生所言:“不怕吃苦的,不怕下农村生活的,决心给农民服务一辈子的,可以学农,学土壤专业。”[1]而这也可以说是他一生最真实的写照。

① 中共重庆市委党史研究室编《当代重庆人》,重庆出版社,1996,第3页。

化学原料药界的高科技企业——大新药厂

重庆制药五厂始建于1941年，其前身是上海新亚药厂华西分厂，是国内最早生产葡萄糖的厂家。1941年秋，日本偷袭美国珍珠港，并完全占领上海。在此背景下，上海新亚药厂部分设备、人员迁到重庆北碚北温泉公园小游泳池临嘉陵江边的一个角落里，办起了一个小厂，即新亚药厂华西分厂。在全面抗战时期，后方面临着物资匮乏的难题。新亚药厂内迁之后充分利用当地资源，采用四川当地产的蔗糖作原料，在酒精中用盐酸水解，又在酒精中反复结晶，制成注射用的葡萄糖。虽然生产的成本高，但部分解决了抗战时期葡萄糖针剂的供应短缺问题，开创了我国不依靠进口原料生产葡萄糖注射液的先例。

抗战胜利后，新亚药厂厂主忙于返回上海，药厂遂于1945年8月停产，并因债务问题于1946年11月破产拍卖。1947年5月，一些老员工和技术骨干集资买下华西分厂，改组为大新化学制药股份有限公司，并定名大新化学制药厂。

重庆解放初期，百业萧条亟待整顿，重庆市人民政府开始有计划地对各行业予以整顿，以恢复和发展生产。重庆市委、市政府先后派出各级干部深入各地企业中，发动工人群众进行民主改革，积极组织恢复生产，又采取发放贷款、加工订货、并厂联营等方式，对私营医药企业进行扶持。在这样的背景下，大新药厂抓住时机，迎来了短暂的发展。政府不断向大新药厂订货，药厂产品供不应求。为此药厂于1950年2月购买东阳镇夏坝广益硫酸厂旧厂房，迁厂扩建扩大生产。随着朝鲜战争的爆发，中国人民志愿军应朝鲜请求入朝作战，政府对于葡萄糖的需求更是急速上升，大新药厂的生产线较之以往愈加忙碌。

1951年，川东行署卫生厅与大新药厂实行公私合营，将大新药厂更名为“公私合营川东大新化学制药股份有限公司”，简称“川东大新药厂”，受川东卫生厅管理。大新药厂成为西南地区最早的公私合营企业。1951年5月，川东卫生厅向大新药厂派遣了驻厂代表，药厂也由手工生产转变为半机械化生产。药厂职工亦由1951年年初的54人增至150人，1954年增至335人，并于1952年建立了党支部。1966年，改名为重庆制药五厂。

新组建的重庆制药五厂其主要业务仍是生产葡萄糖，在公私合营之前，工厂的生产工艺较为简单，主要分为制水、洗瓶、配液、轧口、灭菌、灯检、包装几个步骤。公私合营后，重庆制药五厂在国家的大力投资下，进行扩建，更新设备，着力改进生产工艺。1952年秋，该厂建成年产36吨葡萄糖生产车间后，生产注射葡萄糖采用运动结晶法先进工艺。不仅如此，此时期大新药厂生产的注射葡萄糖还首次出口苏联，开创了我国葡萄糖由进口转为出口的新局面。1964年10月，经中国科学院输血与血液学研究所鉴定工程师张砚溪等人研制的人造代血浆——综合葡萄糖(即409代血浆)成功,属全国首创新型代血浆,为血容扩充剂增添了新品种。次年被化工部列为全国32项重大科研成果之一,载入《中国药典》。至1975年,该厂生产的葡萄糖已经达到1776吨,比1952年的22.2吨增长了79倍,比1965年的1442吨增长了23%。工厂产量得到了突飞猛进的发展。

1979年,该厂生产的注射葡萄糖荣获国家银质奖,产品行销全国并远销苏联、英国、巴西、巴基斯坦及东南亚诸国。同年,该厂出产的β-无水注射葡萄糖被国家医药管理局选为中日合资的中国大塚制药有限公司出口输液的生产原料药定点厂。1980年3月,重庆制药五厂在国内首先试制成功"无水葡萄糖",1983年8月3日,在国内首先试制成功注射用木糖醇,到1985年,不仅能生产注射葡萄糖,还有缩合葡萄糖、柠檬酸、大输液干淀粉等产品。其中,1981年,重庆制药五厂与上海工业微生物研究所合作,利用本厂葡萄糖生产废液为原料,采用微生物发酵工艺,试制成可用作制药原料和食品矫味剂的枸檬酸(柠檬酸),既消除了葡萄糖生产废液污染,又降低了生产成本。

到20世纪90年代初,重庆制药五厂已发展成为以生产营养药物和抗生素药物为主的大型综合药厂,生产的主要产品注射葡萄糖获得国家银质奖两次,柠檬酸获国家医药管理局优质产品奖;还有四种产品分别获省、市优质产品称号。云星、维脉宁、麦迪霉素、卡那霉素、妥布霉素、丁胺卡那霉素等新产品均已形成生产能力。柠檬酸、注射葡萄糖获国家出口产品荣誉证书,该厂被评为国家二级企业、市级文明单位。重庆制药五厂的科技实力通过各种荣誉得以验证。

从最开始成立之时的“上海新亚药厂华西分厂”,到解放战争时期的“大新化学制药厂”,再到建国初期的“大新化学制药股份有限公司”,最终到“重庆制药五厂”,几经更名之下诠释的是近代中国的医药发展史。唯一不变的是,工厂在生产和科研方面对于推动社会发展所做出的贡献。

曾勉与中国农业科学院柑桔研究所的创设

曾勉，号勉之，1901年生，浙江瑞安人，我国著名园艺学家、柑橘专家。1925年从东南大学园艺系毕业之后，曾勉前往法国留学，继续深造并获得博士学位。毕业回国后，先后在中央大学、云南大学、南京大学等多所大学执教，担任过华东农业科学研究所研究员和中国科学院南京中山植物园研究员。而曾勉教授与北碚的结缘要从柑桔研究所的筹建讲起。

一、曾勉与北碚的缘起

20世纪50年代中期，为统一全国农业科学研究工作，1957年3月，中国农业科学院在北京正式成立。中国农业科学院起初下设17个科研机构，1958年增至20个，1959年增至34个。1960年，根据国家科委"科研机构精简、迁移、合并、下放和撤销"的意见，中国农业科学院下辖科研机构减至25个，新建2个，即武汉的油料所和重庆的柑桔所。那个时候，中国农业科学院在全国共建立了3个果树科研机构，即辽宁兴城分所、河南郑州分所、四川分所。

1958年，中国农业科学院果树研究所成立后，开始酝酿在南方建立柑桔研究所。1959年12月，中国农业科学院在北京召开全国农业科学研究工作会议期间，中共四川省委提出建议，请中国农业科学院在成都建立以柑橘为主的研究机构。中国农业科学院请示农业部，后者表示同意，国家科委亦表示支持，中国农业科学院遂拟定1960年在四川建立柑桔研究所的计划。

获得国家的同意之后，四川省农业厅开始进行选址考察。1959年12月11日，四川省农业厅一面电告中国农业科学院，建议柑桔研究所建设于龙泉山，并请派员来蓉商量，一面报送成都市委规划。12月17日，中国农业科学院回复四川省农业厅，称准备派员赴成都洽商筹建事宜。此时，曾勉教授受中国农业科学院的委派，到龙泉山进行实地考察。在实地调研之后，曾勉教授向四川省农业厅及中国农业科学院汇报，认为就全国来说，四川太偏西，不能照顾全国；就四川来说成都太偏西，且川西坝为粮食基地，人烟稠密，柑橘稀少；龙泉山不够理想；所址如在四川，应设在“下川东”，建议与江津园艺站合并成立。

对此，中国农业科学院的意见是柑桔研究所一定设在四川，不能离开四川另找地方，一定要设在大城市，交通便利，最好在市区附近。四川省农业厅认为江津园艺站土地有限，只有100多亩，不适于中央建所。为了落实选址问题，中国农业科学院副院长程照轩借1960年3月农业部在湖南长沙召开的南方果树生产会议期间，约见兴城果树所张子明、江津园艺站周行野及曾勉等几人研究建所事宜,并要求曾勉再到四川考察所址。在选址讨论过程中,四川成都龙泉山、重庆江津、重庆市巴县铜罐驿和重庆缙云山农场都是重点讨论对象,最终缙云山农场作为初址被定了下来。

1960年10月,中国农业科学院柑桔研究所成立,曾勉被农业部任命为第一任所长。为解决办公用房、职工宿舍和试验场地,1962年1月底,柑桔研究所由重庆市缙云山农场场部迁移至重庆市北碚区磨滩乡原重庆平板玻璃厂旧址暂住,租用平板玻璃厂房屋进行科学研究,并选定重庆市北碚区缙云山农场歇马分场为试验基地。1963年春搬迁至现址。

二、曾勉教授与柑桔研究所的发展

柑桔研究所当时作为中国农业科学院所属3个果树研究机构之一,专门从事柑橘类果树的科学研究。其方向任务是:以应用研究和应用基础研究为主,兼顾理论研究。针对全国柑橘产业发展中存在的问题,参考国内外已有的经验,通过试验研究,着重解决柑橘产业和科学研究中全局性和关键性的科学技术问题;大力加强开发研究,推广科研成果,开展技术培训和技术咨询;组织协调全国性重大科研或科技项目协作,开展国内外学术交流和人才培养;编辑出版全国性专业刊物。

柑桔研究所建所初期,正是国民经济困难时期,工作和生活条件极为艰苦,曾勉深感责任重大,边建所边开展工作。

在研究所成员里，能够独当一面的科研人员相对较少，多是新手。在这种情况下，曾勉除了要开展自己的研究课题外，还要参与并指导其他课题的工作。因此，在科研工作的安排上，曾勉不仅要求配备农业院校的毕业生，也要引进综合大学的理科毕业生。1963年确定现所址之后，曾勉即开始着手建立柑橘原始材料圃，积极搜集、整理柑橘品种资源。

建所初期曾勉所长与职工合影（柑桔研究所提供）

同时，曾勉还注意了解每个科技人员的特长，重视他们的业务能力和工作态度，为柑桔研究所培养后生力量。曾勉要求他们深入实际，踏实工作，勤于归纳分析，认真撰写专题报告和学术论文。对他们提出的疑难问题，他总是耐心地予以解答，或者帮助查阅参考资料，使年轻科技人员很快成长，从而培养了一支较好的科研队伍。曾勉要求科研人员着重研究当前生产和科研过程中所存在的重要技术问题，要重视总结农民的经验，并运用到科研工作当中。他强调要开展柑橘的三“生”研究，即生物学、生态学和生理学的研究。

曾勉在柑桔研究所建所告一段落后，就开始去外地开展柑橘调研工作。他考虑在交通便利的红壤丘陵地区建立试验站，以弥补重庆地区在土壤类型和柑橘生产过程中的不足。1962年至1963年，曾勉至广西调研考察，发现柳州、桂林一带的红壤缓坡丘陵地带有种植柑橘的潜力。特别是当时桂林以北的地区未受“黄龙病”的危害，曾勉向广西自治区政府的领导建议，在该地建立柑桔研究所，并加强柑橘“黄龙病”的防治研究工作。1966年，广西柑桔研究所成立。

研究所人员在试验田考察(柑桔研究所提供)

三、曾勉与柑橘研究

曾勉还致力于柑橘的类属划分研究。当时施文格和田中长三郎已提出了分类系统。施文格系统地将柑橘属分为两个亚属，十六个种，田中长三郎则系统地将柑橘属分为一百四十五种。曾勉针对我国是柑橘类植物的原产区域，并且资源丰富的特点，提出了一种新的柑橘系统分类意见。新的柑橘属划分为五个属，大翼橙属、枸橼属、柚属、橙属和柑橘属，其中柑橘属分为四个亚属，即香橙、柑、橘、金橘亚属。这之中，橘亚属包括五个种，橘属包括九个种。为了论证这种分类的科学性，曾勉于1961年至1965年间，带领科技人员到川、鄂、湘、桂、粤等地的山区调研考察，采集野生柑橘为标本，并反复比较鉴定，从而整理鉴定了一批宽皮柑橘和黎檬的野生类型。

曾勉长期从事柑橘生长、生产的研究和柑橘资源的整理，为我国的柑橘研究事业做出了巨大贡献。柑桔研究所也在曾勉的带领下，一步步发展壮大起来。自2001年9月起，柑桔研究所由中国农业科学院与西南农业大学共建。2005年7月，由中国农业科学院与西南大学共建该所，在保留原中国农业科学院柑桔研究所名称的同时，成立西南大学柑桔研究所。现如今，柑桔研究所已经成立并搭建了多个科研中心，如：国家柑桔工程技术研究中心、国家柑桔品种改良中心、国家柑桔苗木脱毒中心、国家果树种质重庆柑桔圃等国家级科研平台。

柑桔研究所走过了60多年的风华，经过科研人员和几代所长的努力，已经发展成为唯一的国家级柑橘专业科研机构，正在打造国家柑橘公园。在科研方面，开拓并发展了新领域。特别是在柑橘品种资源研究、柑橘育种研究、柑橘生理与栽培研究、柑橘病害研究、柑橘贮藏加工研究、柑橘质量安全与标准研究、宏观发展与信息研究等七大方面有突出成果。

在全球化时代的大潮流下，柑桔研究所面临着产业结构调整、产业转移等挑战，但也能凭借自身深厚的科研底蕴，在党和国家的支持下，建成了国际一流的柑橘科技创新中心、柑橘科技产业孵化中心、国际柑橘科技合作与交流中心和人才培养基地。继续为中国和世界柑橘科技进步与产业发展做出更大的贡献！

北碚近代手工业技术发展的见证者之一：从大明纺织染厂到重庆绒布总厂

一、大明纺织染厂的由来

大明纺织染厂是由北碚本地的三峡染织厂以及内迁来北碚的常州大成纺织股份有限公司武昌四厂、汉口隆昌染厂合资而创立的。三峡染织厂始建于1927年，由北碚峡防局局长卢作孚筹办的兵工织布企业，生产土白布，1930年添购织染设备开始手工染色，定名为北碚三峡染织厂，使用“兵工牌”商标，厂址迁至北碚文星湾1号新厂房内。1933年，峡防局将工厂全部资产拨予中国西部科学院。1935年8月，中国西部科学院又将三峡染织厂售卖给民生公司，改名为民生实业公司三峡染织厂。

常州大成纺织印染公司则成立于1930年。创始人是民族工商业者刘国钧。全面抗日战争爆发前，大成纺织印染公司已成为一个日产6000匹染色布和各种印花布的纺织染联营的近代企业。全面抗日战争爆发后，江苏常州受到战火威胁。在常州沦陷之前，大成拥有4个纺织厂，第一、二、三厂在常州，第四厂与震寰纱厂合办，厂址位于汉口。南京沦陷之后，刘国钧决定将第一、二、三厂迁往四川，但途中遭日机轰炸，到达汉口时只剩下3000枚配件不全的纱锭。其后随着武汉会战的打响，刘国钧决定将230台织布机交由民生公司运至重庆。而因帮助汉口震寰纱厂拆迁使得已经迁至汉口的3000多纱锭未能及时转移。

迁至重庆后，1938年6月召开大明纺织染厂创立会，由三峡染织厂与大成纺织印染公司、隆昌染厂[①]合并联营。三厂合股后，股本共40万元，其中大成、三峡各17.5万元，隆昌5万元，均以固定资产折合计算。合股后的纺织公司取名为“大明染织股份有限公司”（即大明纺织染厂），于1939年2月正式开工。主要设备有染缸16只，浆纱机、烘干机、拉幅机和烧毛机各1台，年产染色布6.7万匹，以“大明蓝”为商标。到1949年，除了纺织设备外，有卷染机16台，年产能力350万平方米，当年生产307.62万米。主要产品为硫化、海昌和士林色布，其中大明蓝享誉全川。此时的大明纺织染厂与国民政府军政部在重庆杨公桥新建的重庆染织厂、成都的民康染厂，形成抗战时期四川的三大机器染厂。

二、新生染织厂的成绩和问题

1949年新中国成立，随后重庆也解放。至1949年末，大明纺织染厂拥有的设备实有数为：纱锭6704枚、织机200台，职工达1360人。同年，隆昌染厂全部资本及民生实业公司

① 隆昌染厂创设于上海，抗战前就已迁至汉口。它有一整套染色设备，主要为武汉和附近城市的织布厂加工漂染各种色布。1938年春，日军将侵略矛头直指武汉。隆昌染厂厂长将全套设备拆卸装箱，交民生轮船公司抢运至重庆。

的90%的股本退出。1950年3月,重庆成立西南人民纺织公司,隶属于西南军政委员会工业部,1951年4月改组为西南纺织工业管理局,隶属于中华人民共和国纺织工业部。主要职能是负责西南地区包括四川省、云南省、贵州省、西康省和重庆市纺织工业的行政管理和对部分骨干企业的直接管理。大明纺织染厂也在直接管理的企业名录之中。同时,重庆市人民政府开始重点对印染企业进行调整合并,新建和扩建印染企业,有计划地发展印染生产能力。在三大改造完成之前,1955年7月4日,大明纺织染股份有限公司实现公私合营,于1957年1月转为地方国营大明纺织染厂。

在完成公私合营之后,正逢国家第二个五年计划和三年调整时期,重庆继续实行将老厂和新厂相结合发展的方针。对大明纺织染厂、合川六一一纱厂、重庆沙市纱厂、裕华纺织厂、广元大华纱厂等五个老厂进行挖掘改造,利用老厂的空地、公用设施,进行扩建和更新改造。同时对空调、除尘、劳保设施也进行填平补齐。1958至1965年,新厂建设与老厂挖掘改造一共增加棉纺锭194884枚、自动织机4381台。

为了解决设备简陋、技术落后的问题,1960年,大明纺织染厂职工自己组装了1台纳夫妥轧染机,实现了平幅连续染色,提升了生产效率。1961年第四季度,该厂研制中条灯芯绒产品获得成功。通过技术革新,该厂挖掘了企业潜力,在国家没有投资的情况下,增加印染布生产能力为每年1500万米,并开发生产出印花布、灯芯绒等新产品以及新花色。到1962年,重庆全市的印染生产能力达6000万米,比1957年增加了25%。

但到了20世纪60年代初,由于片面追求产值和产量,致使印染布的实物质量和外观质量都达不到标准。同时,又受到连续几年的自然灾害影响,棉花产量下降,全重庆市的印染行业生产和经济效益都大幅度下降。四川棉纺厂大面积停产。全省仅保留了六一〇纺织染厂、大明纺织染厂、裕华纺织厂和川棉一厂共计18.8万枚棉纺锭维持生产。

1963年起,重庆市切实贯彻中央"调整、巩固、充实、提高"的八字方针,调整行业结构,加快老厂技术改造,恢复和扩大生产能力。在此政策之下,1964年,大明纺织染厂转产生产灯芯绒。1966年,大明纺织染厂职工将双面烘干机改造成单面烘干机,提高了灯芯绒的质量。此后,重庆市为了整合全市纺织行业,大明纺织染厂于1969年10月更名为重庆第五棉纺织染厂。进入20世纪70年代,特别是1968年至1978年间,纺织工业部未再批准四川新建一个棉纺厂。主要是因为建筑用的三大材料和劳动力不足,大多数厂的建厂周期拖得很长,到了20世纪70年代中后期才开始投产。这对四川棉纺工业的发展速度影响很大。这一时期,新建厂与老厂同时发展,一起挖掘,保证生产。其中1971年,重庆第五棉纺织染厂完成了染色车间异地再建工程。在生产设备方面,使用的棉纺设备是国产第二代(65型)棉纺设备A512系列。此类型的设备在当时接近世界先进水平。采用重加压、大牵伸、大卷装、高速度的工艺路线和自动化程度较高的部件，从而实现高产、高效，是生产技术上的一次重大进步。

三、荣光与落幕

在中共十一届三中全会之后，重庆纺织工业在“调整、改革、充实、提高”方针的指导下，在国家对轻纺企业实行“六优先”原则的扶持下，重庆纺织工业进行了一系列的调整和改革工作。1979年2月，四川省人民政府进行首批扩大自主权试点，执行“扩权十四条”，同年9月，又进一步执行“扩权十二条”。次年1月，省政府进行第二批“扩权十二条”试点，重庆第五棉纺织染厂也在其中。这一时期，四川棉纺织业的发展状况主要依靠老厂的挖掘扩建、更新改造来增加生产能力。对包括重庆第五棉纺织厂在内的十多家老厂进行扩建和改造，其中增加棉纺锭195556枚、织机1814台。在全力发展的背景下，四川的棉纺织品开始打入国际市场。为了适应出口需要，纯棉产品的开发进入了一个新时期，开始向高支、高密、精梳、阔幅方向发展，重庆第五棉纺织染厂亦开始开发细条灯芯绒。

1984年，重庆纺织工业局专门设立体制改革办公室，负责所属企业经济体制改革的指导、协调、综合、考核等工作。至1985年，经过改造的老企业，设备已全部更新为国产第一、二、三代的新的棉纺织设备。1985年末，全省拥有棉纺锭95.4万枚、织机17707台。全省22个骨干企业，其工业产值占全省棉纺、棉织业产值的79%。而重庆第五棉纺织厂亦位列全省22个骨干企业之列。

这一时期，重庆第五棉纺织染厂拥有纱锭12240枚、线锭4848锭、自动布机594台、印染生产线2条。年生产能力棉纱2400吨，棉布、灯芯绒坯布600万米，印染布生产线2条、3000万米。其中，印染布商标为“嘉陵江牌”。产品销往四川、云南、贵州、广东、甘肃、浙江、湖北等国内省份以及美国、罗马尼亚、澳大利亚、日本、加拿大、新加坡等10多个国家和地区。

1980年至1982年，重庆第五棉纺织染厂的嘉陵江牌（产品规格13.8/2/27.8tex）元青灯芯绒连续3年获得省优质产品，1983年，嘉陵江牌桃红中条灯芯绒（产品规格48.6/36.6tex）获得省优良产品，同年嘉陵江牌印花灯芯绒获得重庆市优秀新产品。也是在这一年，重庆第五棉纺织染厂获得四川省、重庆市“先进企业”的称号。在国家方针的支持下，1982年8月在全市调整产业和产品结构中，以重庆第五棉纺织染厂为龙头，与北碚、朝阳、缙云3个织布集体企业，加上该厂办的大集体嘉陵织布厂，组成重庆绒布总厂，成为一个专业生产灯芯绒的中型企业，具有纺织染综合性功能，隶属重庆市纺织工业局。

从大明纺织染厂到重庆第五棉纺织染厂，再到重庆绒布总厂，该染织厂的发展历程可谓是见证了北碚纺织行业从手工到机器生产的过程。其从民营到公私合营再到地方国营的性质转变，在经营方式方面的革新也见证了该厂的近代化转变。在产品方面，从只能生产土布、染布到能综合生产各种深浅什色、印花、提花宽中细条灯芯绒。不得不说，大明纺织染厂的企业和科技发展史同时也是北碚棉纺织业的历史。

北碚曾有的"亚洲第一吊桥"：朝阳吊桥横跨嘉陵江

巴渝地区明月山、铜锣山、缙云山、中梁山、武隆山等山脉纵贯南北，长江、嘉陵江、乌江、涪江等河流横贯东西，整体地形地貌沟谷连绵，山峦起伏。为了生存，巴人祖先为克服严峻山水带来的交通天险，在与自然斗争中受到大自然中树桥、天生桥、猿桥等的启发，已开始探索在溪流沟谷上建造简易跳墩桥、木便桥等。

随着时代的发展，桥梁逐渐成为沟通江河两岸城市或区域的重要通道，重庆的江河之上也修建了大量形态各异的桥。2009年，茅以升科技教育基金会在渝洽会桥梁与都市国际论坛上，与会权威人士大多数认可重庆为"中国桥都"的称号。桥已成为重庆城市重要的组成部分，这不仅塑造出山地城市特有的物质和精神文化，还蕴含着丰富的地域景观文化。北碚是一座桥梁上的城市，从"小桥流水人家"的小桥到"长桥压水平"的跨江大桥，桥如满天星辰，点缀北碚全境。特别是在嘉陵江小三峡区域，桥更是层叠交错，多达十余座，在观音峡河段，更有六桥集中处，形成"六桥叠翠"的奇景。其中就有当时国内最大的悬索桥，有着"亚洲第一吊桥"美誉的北碚朝阳吊桥。

60年代的朝阳大桥

一、响应号召建新桥

1964年，为配合三线建设进入大山区布局，打破川鄂两地交通瓶颈，铁道部第二勘测设计院于1965年12月经过勘测设计，确定修建由襄阳至成都的铁路，称襄成铁路。1968年初，中央出于国防建设的需要，做出了先修渝（重庆）达（县）段铁路、缓建成（都）达（县）段铁路的决定。1969年底，中央确定渝达、襄成两线合一，称襄渝铁路。襄渝铁路东段为鄂西北丘陵低山区，中段为秦岭巴山区，西段为四川盆地丘陵区。在仙人渡、旬阳、紫阳3处跨越汉江，9跨东河，7跨将军河，33次跨后河，在北碚跨越嘉陵江进入重庆。因此，为了给三线建设配套，确保襄渝铁路重庆段建设的物资运输，经中央批准后专门修建一座嘉陵江公路桥——重庆北碚朝阳桥。

此桥由交通部科学研究院重庆分院、重庆交通学院、重庆市政桥梁工程处联合设计，于1968年3月会审定案，10月主体工程由重庆市桥梁工程处开始施工，引道工程由市政公司担任。朝阳桥修建之时，正值“文化大革命”时期开始。当时，为了早日建成此桥，广大干部、设计人员、工人远离亲人，远离领导机关，与山水为伴，工作十分辛苦，每餐吃的是苞谷粑，风里来风里去，还要“闹革命”。十几位来自不同单位的设计人员租住在一栋楼里。当时的技术装备也很落后，仅有的工具就是计算器、直尺、三角尺等。不仅如此，当时重庆还没有一支专业的钢梁加工技术队伍，更没有一家钢梁加工制造厂。因此，整座大桥的钢箱梁都是用火车从秦皇岛的山海关桥梁厂运过来，前前后后运了三四个月。运来后，再进行拼装制作。于是朝阳桥的施工单位——重庆市桥梁工程处便派了十几个工人到山海关桥梁厂学习拼制钢箱梁，回来后在北碚兼善中学的球场上拼装制作钢箱梁。

尽管面临种种困难，但施工单位打破常规，边勘测、边设计、边施工，日夜突击，最终圆满完成了党交给的筑路修桥的任务。1969年9月，横跨嘉陵江的朝阳桥竣工通车。朝阳桥建成后，南岸接渝碚（渝南）公路，北岸通黄桷镇碚三公路，从而衔接了北碚城区和合川三汇以及岳池的公路，南北畅通无阻。该桥的建设，对北碚的经济开发也起到促进作用，且吊桥位置隐蔽适中（下游约200米处即同时修建的襄渝铁路钢桥），适宜于为三线建设尤其是襄渝铁路建设服务。铁路线上的大宗物资，也可以在此分流，有力地支持了国家的经济、国防建设。

二、朝阳桥的技术特点

朝阳桥是当时国内同类型桥梁中跨度最大的吊桥，朝阳桥全长233.2米，共3孔，主孔净跨186米，为双链式栓焊开口钢板箱与钢筋混凝土桥面组合加劲梁吊桥，引桥2孔，两岸各一孔净跨均为20米，为钢筋混凝土少筋微弯板组合桥。桥面全宽8.5米，车行道宽7米，两侧人行道各宽0.75米。设计荷载汽——16，拖——80，人群荷载每平方米300公斤，桥下净空为二级航道标准，通航水位196米，桥下通航净空14米，可通航2000吨驳船，按100年一遇的洪水设计（水位为209米）。

北碚嘉陵江朝阳桥有以下几个技术特点：1.跨度较大，是我国当时最大跨度的吊桥。2.主索采用中央无铰的双链型，我国仅此一座。双链吊桥总的用钢量并不比单链吊桥多，实践证明施工也不麻烦，容易成形，还有桥梁在行车时的“S”形变形小的优点。3.主索锚固于两岸裸露的山体中，这就大大减少了锚固费用。可以说，朝阳桥是根据经济合理、结合地形地质条件，经过多种方案比较后确定的桥型。4.主梁由31块像箱子一样的钢梁组成，每节用高强螺栓进行连接形成的全桥结构。

三、完成使命历新生

朝阳桥建成后的30多年时间里，在促进北碚地区经济发展中扮演了重要角色。除此之外，朝阳桥的修建还为重庆市、培养了大批建桥人才，重庆长江大桥、嘉陵江石门大桥、北碚龙凤桥、黄桷桥、文星湾桥的建桥队伍均出自此。但是，随着使用期的延长，朝阳桥负荷运营，同时“病害”缠身，“步履”艰难，一直在修修补补中度日。2011年7月，沿用了近40年的朝阳桥，因存在严重安全隐患而结束使命，被朝阳复建桥取而代之。朝阳复建桥于2009年4月开工，2011年7月竣工通车。

朝阳复建桥作为重庆市的重点建设项目，其取代曾有“亚洲第一吊桥”美誉的朝阳桥的功能定位和满足城市景观需要，并且符合与桥位自然地理环境相结合的景观理念，使大桥在安全、经济、实用的前提下，其设计思想、设计理念和结构优化上具有较大的特色和创新性，主要表现在以下几个方面：

1. 桥位上游嘉陵江江面宽阔，下游为观音峡，桥位正处在河段变化的观音峡口，采用大跨径拱桥方案，不仅满足城市景观的要求，而且恰好和桥位周边自然环境浑然合一。

2. 主拱肋采用变截面钢箱提篮拱，使桥型更加轻盈美观，且降低了工程造价。

3. 依山就势，在两岸拱脚后的岸坡上设置变截面的钢筋混凝土矩形防护带，不仅有效地消除了岸坡卸荷裂隙发育对主拱圈的潜在威胁，还使桥梁总体结构形成“飘带”形状，提升了结构的美观性。

4. 大桥最高通航水位为200.45 m（黄海高程），两岸引桥采用叠合梁，不仅解决了断面行洪问题，而且还减轻了主拱圈的结构受力问题，使主体结构更加安全、轻盈美观。[①]

朝阳复建桥建成通车后，成为国、省道的联系枢纽和北碚城区与江东片区联系的重要跨江通道。可以说，朝阳复建桥的建成既解决了北碚老朝阳桥存在的交通安全隐患，也成为北碚观音峡河段“六桥叠翠”奇景的重要“一桥”。由于其结构宛如一条飘浮的彩带，故有人将其形象地定义为飘带形钢箱中承式提篮拱桥，既显示出了其与一般拱桥的区别，又突出了桥位自然环境与桥型相合为一的景观特点。[②]

① 冯玉涛、张先忠、伍晓孟、张顺熙：《重庆朝阳复建桥总体设计》，《中外公路》2014年第2期，第148页。

② 同上。

三线建设的“开路先锋”：浦陵机器厂安家大磨滩

20世纪60年代初期，国际局势日趋紧张。为了应对复杂的国际政治局势以及可能发生的大规模军事冲突，逐步实现我国生产能力布局由东向西的转移，中共中央做出了“备战备荒”建设“大三线”的重大战略决策。重庆由于自身较强的工业实力和优越的地理位置，成为全国三线建设的重点地区，而北碚也因为独特的区位条件和历史因素，使其在重庆地区的三线建设布局中占有一席之地。

一、整体布局显优势

当时对重庆地区三线建设的整体布局是这样考虑的：首先，用三年或者更多的时间，以重钢为原材料基地，把重庆地区建设成能够制造常规武器和某些重要机器设备的基地；其次，在机械工业方面，以重庆为中心，逐步建立西南的机床、汽车、仪表和直接为国防服务的动力机械工业；第三，规划了重庆至万县为中心的造船工业基地。[①]在布局选址上，按照“多搞小城镇”，实行“大分散，小集中”，兼

① 中共四川省委党史研究室，四川省中共党史学会编《三线建设纵横谈》，四川人民出版社，2015，第60页。

顾国防安全和经济合理的原则建设布点。在实际的勘察过程中，机械部副部长白坚又提出了内迁企业应该充分利用大跃进时期的下马工程作为选址标准的原则。而北碚恰好符合这两个条件，东部地区的一批仪器、仪表、电器和动力机械企业相继内迁北碚，其中打头阵的便是浦陵机器厂。

重庆浦陵机器厂的前身是上海动力机制造厂，建于1958年，主要生产HD0301型三马力汽油发动机和15千瓦汽油发电机组，广泛配套于小型农业、牧业、植保机械等。1964年，上海动力机制造厂全部人员、设备迁到重庆北碚的歇马大磨滩，更名为“重庆浦陵机器厂”，继续生产HD0301型汽油发动机。重庆浦陵机器厂是三线建设时期最先迁入重庆的企业，不仅揭开了机械行业三线建设的序幕，而且创造了历史上有名的“浦陵经验”，得到党和国家领导人的高度评价。

二、“浦陵经验”不虚传

1964年10月29日，重庆市委在批准迁建任务书后，立即召开会议，讨论决定了1964年底完成迁建，1965年元月投产的工作进度，拟定了集中力量打歼灭战的方案。11月1日便成立了指挥部，组织了1200多人的施工队伍(加上人民公社的民工，近2000人)。11月2日，施工队伍即进入现场，11月4日就开始了设计和施工。在基建工程中，重庆浦陵机器厂实行联合作战，取消了甲、乙方的老制度。设计、施工、土建、安装、交通运输以及物资供应、银行拨款等，不分甲、乙、丙方，不分哪个部门，一切由指挥部统一指挥，统一调度。

不仅如此，在设计施工过程中，项目组根据迁建项目的特点，采取了设计人员、施工工人、领导干部相结合的群众路线的设计方法，各个工种互相结合，平行作业，一次做出施工图。同时采取了设计同勘察、施工相结合的办法。这种设计方法，大大加快了设计速度，25个设计人员，只用了9天时间，就完成了9个专业、35个项目、169张图纸的全部工艺、土建和公用设计。在机器的拆装方面，此次搬迁也有新的尝试。对于256台设备的搬迁，采取先绘制安装平面图，机器部件都编号，机器零件一运到新址，立即对号入座，迅速安装的办法。从拆卸、运输到全部安装完毕，只用了18天的时间，十分高效。更难能可贵的是，在迁建过程中，重庆浦陵机器厂还十分注意处理好建设工业与帮助发展当地农业的关系，根据西南三线建设筹备小组提出的"四不三要"的原则，建厂时未拆一间民房，未搬一户农民，工厂还在不增加投资的情况下，适当加大蓄水池、变电站的容量，帮助附近农村的两个生产大队解决了用电、用水问题，可灌溉稻田400多亩，除机电排灌、农副产品加工用电外，还帮助附近20多个农户装上电灯，受到当地农民的欢迎。

在整个搬迁过程中，最为复杂的是工人的思想顾虑，比如有的人留恋上海，不愿意与亲属分开，怕到重庆水土不服，怕不让带家属，怕降低工资和福利待遇（上海工资比重庆高）等。对此，上海市委高度重视，专门成立了由八机部和上海市有关部门组成的工作组,对工人进行思想教育。整个动员工作分四步进行:“第一步开总支扩大会(除总支委员外,支部书记、党员科长、车间主任参加);第二步对全体党员进行动员;第三步对全体共青团员、入党积极分子进行动员;第四步对全体职工进行动员。同时,从始至终以阶级教育为纲,大讲大议搬迁意义和工人阶级应当抱的正确态度,特别是学习了主席的‘纪念白求恩’的文章。采取发动群众讲意义、谈认识、议办法和运用大会讲、小会议、个别谈、树标兵等方法,进行动员教育。”[①]经过动员学习,工人普遍提高了阶级觉悟,上述顾虑也很快消除,顺利地搬来北碚。

从土建开工到全面投产只用了两个月,重庆浦陵机器厂的成功经验成为内迁企业的先进榜样,被西南三线建设委员会作为典型,向整个西南三线内迁企业推广。1964年12月,西南三线建设委员会筹备组总结推广重庆浦陵机器厂的经验后,以重庆常规兵器基地的建设为例,原计划3年完成的绝大部分配套项目,均提前一年于1966年底基本完成。推广效果可见一斑。

三、国家领导有赞誉

重庆浦陵机器厂的搬迁经验在当时还得到了党和国家领导人的高度评价。1965年9月,周恩来总理利用外事活动的

① 中华人民共和国国家经济贸易委员会编《中国工业五十年:新中国工业通鉴第4卷(1961—1965)下》,中国经济出版社,2000,第1807页。

空余时间专门听取了时任重庆市委书记处书记的鲁大东关于三线建设情况的汇报。在汇报中,鲁大东着重汇报了重庆用“打歼灭战”的办法,组织人力物力集中会战,仅用47天就完成了重庆浦陵机器厂从上海迁到重庆北碚的经验。周总理听得很仔细,并根据“浦陵经验”做出重要批示:大三线建设关系到党和国家的前途命运,必须抓紧,要集中力量“打歼灭战”,这是同帝国主义抢时间的问题。[①]更值得一提的是,重庆浦陵机器厂投产当月就超额完成了生产计划,而且产品质量达到了上海的水平。原计划投资140万元,实际只用了107万元。对此,彭德怀也非常赞赏,他说:“如果我们三线建设的其他工厂,也能像浦陵机器厂这样精心组织建设、生产,就会大大加快三线建设的速度,毛主席就会放心地睡好觉了。”[②]时任三线建设委员会副主任的程子华也曾用“解剖麻雀”来盛赞重庆浦陵机器厂的大搬迁:“从上海搬迁一个小厂——浦陵机器厂,取得了打歼灭战的经验;它是搬迁厂,有代表性,取得经验后,可以指导一般。虽然是个小战役,却起到了‘解剖麻雀’的作用,在很多方面丰富了我们对三线建设的认识。”[③]

总之,在党和国家领导人的关怀鼓舞下,重庆浦陵机器厂努力发展生产,在嘉陵江畔迅速崛起。1968年成为机械

① 倪同正主编《三线风云:中国三线建设文选》,四川人民出版社,第63-64页。

② 王春才:《元帅的最后岁月——彭德怀在三线》,四川人民出版社,1998,第66-67页。

③ 程子华:《程子华回忆录》,解放军出版社,1987,第410-411页。

工业部定点生产小型汽油机的重点骨干企业。1979年开发生产的CJ50型摩托车发动机达到了20世纪80年代国际先进水平。该发动机主要配套于嘉陵牌摩托车,由于其质量优良、性能可靠且价格低廉,深受广大用户青睐,除畅销国内各省市外,还远销西欧、南美等地。从1981年到1992年,共计生产量超百万台,占全国同类产品的半壁江山,为中国嘉陵集团的发展壮大和我国摩托车工业的繁荣昌盛做出了重要贡献。

红岩机器厂造就北碚的柴油机荣光

20世纪60年代，国家面临着非常严峻的国内外形势。台湾蒋介石当局意图趁大陆出现的经济困难而不断进行军事骚扰；美国制造“北部湾事件”，对越南北部进行大规模轰炸；印度军队不断由中印边界的东西两侧侵入中国领土，进行无端挑衅；苏联则派重兵进驻中蒙边界地区，战略导弹直指中国，威胁我国北方局势。[①]如此观之，国家在国防上面临着来自西面、南面、西南面以及北面的危机。

在此背景下，在1964年中共中央政治局常委扩大会议和中央工作会议专门讨论“三五”计划的同时，毛泽东同志从经济建设和国防建设的战略布局考虑，将全国划分为一、二、三线，提出三线建设的构想。以此为契机，中共中央做出了开展三线建设、加强备战的重大战略部署。同时，对于三线建设的选址和布局，中央也做了相应的规定，即需要满足分散、靠山、隐蔽的三大特点。在此方针指导下，我国开展了一场以备战为指导思想的大规模的国防、科技、工业和交通设施的三线建设。

① 中共重庆市委党史研究室：《中国共产党重庆历史·第二卷（1949—1978）》，重庆出版社，2016，第277页。

一、重庆积极响应国家三线建设的号召

就四川及重庆地区来讲,总的特征还是比较分散,并呈现出沿河流在川东、川西、川南及川西南地区形成四大片状分布区和四条线性分布带的特点。四大片状分布区包括:沿长江、嘉陵江形成的重庆—南充—万县—涪陵川东企业分布区;沿长江、沱江形成的自贡—宜宾—内江川南企业分布区;沿涪江、沱江、岷江、大渡河形成的绵阳—温江—成都—乐山—雅安川西平原企业分布区;沿雅砻江和金沙江形成的以渡口市为中心的川西南企业分布区。其中,川东分布区的三线建设企业最为密集。四条线性分布带包括:沿长江的万县—涪陵—重庆—江津—宜宾企业分布带;沿沱江的成都—内江—自贡企业分布带;沿岷江的成都—乐山—宜宾企业分布带。[①]

重庆地区除了拥有地理上的条件外,在经济基础和工业实力上也有利于“迁建”企业及工厂的落地和发展。迁建,是指从一线往内地搬迁一批工厂,整个工厂包括设备、技术力量、工程管理技术人员全部搬到内地。[②] 首先,重庆作为西南特别是川东地区发达的工商业重镇,工业发展较早,综合配套设施较全,特别是以机械、冶金、化工为主导的重工业占有十分重要的地位。其次,重庆在抗战时期曾接纳过沿

① 王毅:《四川三线建设企业布局与工业发展刍议》,《当地中国史研究》2020年第3期,第111页。

② 肖敏、孔繁敏:《三线建设的决策、布局和建设:历史考察》,《经济科学》1989年第2期,第67页。

海地区迁来的包含机器制造、化学化工、纺织、冶金等一大批企业和工厂,有一定的基础和经验。

1964年9月中旬,重庆成立三线建设规划小组,各组人员根据中央部署联合作战,对重庆的工业布局、长江嘉陵江二线的选厂迁厂,以及现有军工企业的保护等问题进行实地勘查和研究论证。结合重庆在地形、河流以及已有工业布局的考虑,划定北碚歇马场、缙云山周围环境幽静、气温湿度较好的地区安排精密仪表仪器工业。

二、无锡动力机械厂和洛阳拖拉机配件厂“安家”北碚

就是在这样的背景之下,无锡动力机械厂和洛阳拖拉机配件厂的大部分设备和人员响应国家进行三线建设的号召,内迁至嘉陵江边的北碚。机器厂在迁建时建立了中共现场委员会和现场指挥部,指挥部是由当时的第八工业部、重庆市委、建筑工程公司、无锡动力机械厂和洛阳拖拉机配件厂共同抽调干部和专业技术人员组成,新厂选址在原北碚钢厂旧址周边。两个厂在迁来北碚后,利用北碚钢铁厂旧址,投资1848万元兴建了新的机器厂,即红岩机器厂。

厂区从1965年2月开始动工,用时8个月,于10月便建成使用。根据采访报道,当时来自河南洛阳拖拉机配件厂的339名职工和304名家属在1965年4月6日启程,乘坐专列赶赴重庆;无锡动力机械厂则稍微晚些,在1965年5月开始

宣布内迁名单，当年共有1491名职工及1658名家属，从江阴乘船至重庆。

刚来到北碚，除了建厂以外，就是如何安定职工日常生活。由于红岩机器厂的职工大都来自无锡和河南，因此在厂里就会流通3种语言，无锡方言、河南方言以及重庆方言。

新建的红岩机器厂可以说是大大弥补了四川及重庆地区在柴油机生产领域的短板。红岩机器厂被国家农机部指定为生产大型柴油机的专业工厂。而四川机械系统能生产出大功率的柴油机亦始于红岩机器厂。当时，刚迁来北碚的红岩机器厂设计能力为年产中速大功率柴油机10万马力。这在20世纪60年代中期是一个了不起的生产能力。

6250型柴油机最先是由1947年原昆明中央机器厂引进瑞士VD25型煤气机整套图纸制造出样机，1949年后，图纸转到上海通用机器厂，改为6250型柴油机，并在1952年通过国家鉴定。1957年，这个型号的柴油机转由无锡动力机械厂试生产。1965年，响应国家三线建设政策，无锡动力机械厂内迁到北碚新建成红岩机器厂后，继续生产同型号柴油机。

红岩机器厂生产的6250系列发动机都是6缸直列式，缸径250 mm，具有四冲程、开式水冷、不可逆转、压缩空气起动的特点。其中，柴油机发动机为直接喷射式，气体发动机为电点火式。在燃料系统方面，柴油机的燃料一般使用轻柴油，如要使用重柴油，由于黏度、凝固点以及含杂质量等品质均比轻柴油差，需增加有关辅助装置。气体机的燃料则是使用可燃用天然气、稻壳发生炉煤气、沼气等各种可燃气体。同时,在6250型柴油机的基础之上,红岩机器厂与上海内燃机研究所协同研究生产,于1969年成功研制第二代产品——X6250Z型1200马力柴油机,并通过部级鉴定。X6250Z型1200马力柴油机还获得1978年全国科技大会成果奖。

在改革开放的时代背景下,红岩机器厂为适应新的需求,1981年主动试制出6250M型240马力稻壳煤气发电机组。1983年又自行设计生产出B6250Z型600马力柴油机。1985年经由英国里卡多咨询工程公司技术咨询,试制成功第三代产品——R6250Z型900马力柴油机。到1985年,形成了6250型、B6250型、X6250Z型3大系列、39个品种,累计生产96万马力,创造产值达2.8亿元,实现利润1726万元。

红岩机器厂一共能生产3种类别8个品种的柴油机。这些柴油机主要是供给陆地电站和船上电站使用。柴油机不仅供给国内使用,还出口28个国家和地区,共计363台。所产大功率柴油机中,X6250Z型已获得美国ABB船级社认可,1982年获得国家优质产品银质奖。6250ZCD、6250ZC、6250ZC1型柴油机均获省计经委优质产品称号。可以说,20世纪80年代是红岩机器厂发展最快最好的时期。

擦亮"北碚仪表"城市名片

有人曾说"卢作孚开创了北碚,仪表成就了北碚"。对于前半句,相信多数人都不会觉得陌生,说起"现代北碚的奠基人"卢作孚,他是怎样将北碚由一个小乡村建设为一座美丽的城市,北碚人可谓是耳熟能详。然而,后半句却并不被大众所熟知,甚至还会产生众多的疑问,如"北碚的仪表是什么时候开始的""它如何成就了北碚""今日的北碚仪表又是怎样的发展状态"等。如果要想弄清楚这些问题的来龙去脉,让我们先把历史的时针拨回到50多年前吧!

一、北碚仪表的崛起与辉煌

北碚地区的仪器仪表工业,是从20世纪60年代中期起步的。提起仪器仪表,普通人总会想到学校课堂中使用的天平、烧杯等教学仪器,或者是每家每户安装的电表、水表,或者是汽车中的仪表盘等。其实,除了日常生活中十分常见的仪器仪表设备之外,仪器仪表还是国家工业生产、国防建设以及科学研究中不可或缺的部分。中国两院院士王大珩曾带领20余位院士对我国的仪器仪表产业进行过专门的调研。在调研报告中,他对仪器仪表行业的价值做出了如下概括:在工业生产中,仪器仪表是"倍增器",能发挥出巨大的

“倍增”作用,如果发电、炼油、化工、冶金、飞机和汽车制造等缺少测量与控制仪器仪表装置,就难以安全地生产。在科学研究中,仪器仪表就像“先行官”,离开了科学的仪器仪表,一切科学研究都无法进行。更为重要的是,在军事上,仪器仪表还代表着“战斗力”,所有的武器装备,几乎无一不配备相关的测量控制仪器仪表。此外,在当今社会仪器仪表还是“物化法官”,检查产品质量、监测环境污染、查服违禁药物、识别指纹、假钞、侦破刑事案件……无一不依靠仪器仪表来进行“判断”。可以说,仪器仪表是人类认识世界、创造文明的工具,仪器仪表整体发展水平也是国家综合国力的重要标志之一。正因如此,出于国防战备和调整工业布局的考虑,政府在开始大规模三线建设中,高度重视和支持仪器仪表的发展。

按照三线建设的总体规划,1964年开始从株洲、南京、抚顺、上海、江苏、辽宁等地内迁一大批仪器仪表企业和仪器仪表科研机构来碚。1965年以后,在歇马、澄江、文星等地区,先后建成了四川仪表总厂、重庆仪表材料研究所、重庆工业自动化仪表研究所、重庆光学仪器厂等仪器仪表厂、所。此时的北碚热闹非凡,五湖四海的仪表相关人才汇聚于此,怀着对三线建设的光荣感和自豪感,秉承使命,以苦为乐,他们在极其困难的环境中头顶蓝天,脚踩荒坡,奋斗于北碚仪表产业建设的第一线。据四川仪表总厂的工人回忆,他们到达北碚后,每天与当地职工一起早出晚归,全身心扑在工作上,最终凭借智慧、勇气和汗水,实现了当年设计、当年施工、当年搬迁、当年投产、当年出产品的伟大壮举。更值得一提的是,在四川仪表总厂一厂建成投产之后,短短几年间,四川仪表总厂的分厂就星罗棋布地镶嵌在缙云山麓、嘉陵江畔,从川仪一厂排到川仪二十三厂,为北碚仪器仪表的发展增添一抹亮色。

改革开放的春风,推动北碚仪表的发展迈入新的阶段。以四川仪表总厂为例,该厂以市场为导向,以科技为手段,率先在行业调整产品结构,发展适销对路的新产品。一方面,组织人员到科研单位、各大学校加强最新科学研究成果的交流;另一方面,通过展销会、交易会、"走出去,请进来"等多种方式和渠道,调查了市场需求,并据此调整产品生产结构,大力发展新产品,将产品向标准化、系列化过渡。紧随其后,北碚地区其他的仪器仪表企业也踏上了深化内部改革之路,通过调整思想战略、扩大对外开放、加强同国内外同行的交流与合作等一系列有效措施,使得北碚地区仪器仪表企业的数量与质量方面不断得以提高,短短十几年内就迈上了新的台阶。据《重庆市北碚区志》统计,截至1985年,北碚区共有仪器仪表企业36家,厂属仪器仪表研究所7家。仪表行业蕴含的经济能量更是不容小觑,仅上缴的税金就高达7861.32万元。其生产的产品广泛运用于冶金、机械、化工、水电、能源、国防、航天、科研等国民经济领域,并且出口英国、希腊、巴基斯坦、日本、美国等40多个国家和地区。此外,仪器仪表生产的产品科技含量也非常高,获得国家银质奖4个,金龙奖2个,部优11个,省优28个,市优23个。获国家级科技奖5个，部级21个，省级39个，市级19个。达20世纪70年代国际水平449个，填补国内空白49项。[①]20世纪90年代左右，北碚已拥有水文仪器、安全仪器、光学仪器等12大类，一千多个品种，两千多个规格型号的生产能力，成为全国第二大仪器仪表工业基地。

其中，四川仪表总厂已发展成为国内最大的仪器仪表联合企业。重庆水文仪器厂产量占全国同类产品的95%。重庆光学仪器厂作为国内光学显微镜的出口基地，其显微镜产量居全国首位。重庆煤矿安全仪器厂制造的瓦斯遥测仪产量居全国首位。西南游丝厂的仪表游丝产量居全国第二。西南仪表零件厂是国内生产仪表轴尖规模最大的专业厂。重庆实验设备厂50%以上的产品为国内独家生产。重庆电度表厂是西南地区生产电度规模最大的厂家。不仅如此，作为全国光学行业的领军企业——华光仪器厂也在1991年从华蓥迁至北碚，进一步壮大了北碚仪表的力量。简言之，此时的北碚，即全国仪表产业整体发展规模最大、发展最好的地区，仪表因此而成为北碚最具规模的特色产业，与北温泉、缙云山齐名，成为北碚的另一张名片。如果说抗战时期，北碚因“小陪都”声名鹊起，那么改革开放之后，北碚则因“仪表”而蜚声中外。

① 重庆市北碚区地方志编纂委员会编《重庆市北碚区志》，科学技术文献出版社，1989，第207页。

二、北碚仪表发展中的问题

进入新世纪之后，作为北碚特色产业的仪器仪表，本应该进一步发展乃至于成为当地的支柱产业。然而，事实并未如此，北碚仪表反而被我国浙江、江苏、安徽、广东、山东、辽宁等地区不断赶超，以至于从全国顶尖跌到十位之后，辉煌的历史逐渐变得黯淡，“北碚仪表”这张“城市名片”也开始慢慢褪色，不免让人心生几分遗憾。值得庆幸的是，在动荡环境中成长和发展起来的北碚，拥有着不畏艰难、乐观向上的传统和精神，这种传统和精神促使北碚整个仪表行业齐心协力去思考和研究：如何才能重新“擦亮”这张城市“名片”，传承历史，再现辉煌？

北碚区仪器仪表行业协会曾针对此问题展开了深入的探讨，认为北碚的仪器仪表企业中，除“北碚仪表”的奠基者“川仪”外，绝大多数都是中小微型民营仪器仪表企业。而这些民营仪器仪表企业尚处于创业初期，缺乏核心竞争力；从行业组织来说，由于北碚区没有地区性仪器仪表行业组织，大量中小仪器仪表企业无序发展、恶性竞争，既削弱了企业的经济效益和市场竞争能力，也不利于北碚仪器仪表产业的整体发展壮大；更为重要的是，大量的北碚仪器仪表科技人才不断流失，浙江、江苏、安徽三省的温度仪表企业，多数是川仪和重庆材料研究院的技术或管理人才组建的，他们的产值规模已经超过全国温度仪表专业的一半。为此，周洪琴提出如下建议：一是建立“北碚仪表工业园”并制定相应的扶持优惠政策；二是共建“北碚仪表研发中心”，共享技术研发成果，以降低企业研发成本，促进企业技术进步，为“北碚仪表”享誉全国提供更加有力的技术保障；三是充分借鉴外省、市的发展经验等。

三、“擦亮”城市名片

作为国家重点仪器仪表科研机构的重庆材料研究院（原重庆仪表研究所），则通过发挥科研与技术的优势，为北碚地区仪器仪表工业的重振贡献着一份力量。先后建立了“国家仪表功能材料工程技术研究中心”“全国仪表功能材料标准化技术委员会”，同时，又成为全国仪表功能材料行业自律性组织和学术、技术组织的挂靠单位。其主办的《功能材料》《功能材料信息》等期刊已成为我国功能材料领域具有较高权威和品牌地位的核心服务平台，通过共享仪器仪表最新研究成果，为仪器仪表科技工作人员提供了交流的平台。

与此同时，北碚仪表“奠基者”和“领头羊”——中国四联仪器仪表集团有限公司（前身为四川仪表总厂），则通过以自身发展的经历来证明，“体制创新、科技创新、市场创新、管理创新、文化创新”是企业发展的动力所在，其中又以技术创新为核心，如四联集团先后与西门子、ABB、霍尼韦尔、横河、东芝等国际大公司建立了广泛而卓有成效的合作关系，向国外先进企业学习，通过引进消化吸收再创新，逐步掌握自主知识产权，将与国际先进技术的差距由25年缩短至3年左右，一举跨越了技术上的“数码鸿沟”。与此同时，四联集团还主动融合国外先进技术和科学管理模式，实施“借船出海”，大大提升了自主品牌产品的国际竞争力，“中国四联·重庆川仪”成为响亮的行业民族品牌，被誉为振兴民族仪表工业的脊梁。经过多年的磨砺，四联集团以自动化控制系统及仪表、IT专用集成电路和功能材料等高新技术产品为主导，发展为集工业、科技、贸易、服务等多种经营为一体的大型企业集团，成为国内经营规模最大、产品门类最全、系统集成能力最强的综合性自动化仪表制造企业，以全国三大仪器仪表工业基地之一的位置，超越上海、西安两个“老对手”，名列全国仪器仪表制造基地之首，跃居行业“龙头老大”，使北碚成为中国最大的仪器仪表工业基地。四联集团犹如一盏“指明灯”，为当下北碚仪器仪表行业如何突破困境指明了前行的方向。

北碚是中国最大的仪器仪表工业基地，具有历史上形成的品牌优势。作为北碚城市的名片，仪器仪表虽然也曾短暂“黯淡”过，但是在政府和行业协会的大力支持下，企业将创新作为立身之本，奋起直追，彰显“北碚仪表”的靓丽形象，相信不久的将来，这张城市名片会更加耀眼！

三代家蚕遗传学研究者的梦想

西南大学拥有世界上规模最大、全国历史最悠久、原创成果最丰硕的家蚕基因资源库,保存的家蚕突变基因种类覆盖了国际现存家蚕突变基因的95%。[①]2003年11月,西南大学率先绘制完成"家蚕基因组框架图",并入选"2003年度高等学校十大科技进展"。2004年12月,成果的深化研究——《家蚕基因组框架图》论文在世界科学类权威性学术期刊*Science*上发表,实现了三个"零"的突破:一是重庆市科技工作者在世界顶级科学杂志*Science*发表论文零的突破;二是西南地区高等院校科技工作者在*Science*杂志以第一作者发表论文零的突破;三是我国在*Science*杂志发表家蚕研究论文零的突破。这一切都是学校三代家蚕遗传学研究者勠力同心、不断奋斗的结果。

一、中国家蚕遗传学的奠基者——蒋同庆

蒋同庆,1908年6月出生在江苏省涟水县蒋庵乡。他自幼家境贫寒,童年丧父。家中变卖其父亲遗留的榨油工具所得的费用,才勉强供他读完江苏苏州高农蚕科,毕业后他在

① 邓力:《那时 那人 那些事儿——西南大学漫话96则》,四川大学出版社,2012,第64页。

安徽贵池省立第五中等职校蚕科任实习教员。后适逢南京中央大学区立劳农学院招考完全免费的农民师范科学生，他以自己的勤奋，在本县9倍报名人数只录取1名的条件下，获得了进入该农学院深造的资格。1930年毕业后，他去杭州西湖蚕种制造场担任技术员兼讲习所教员3年，从事原蚕种制造的工作。1933年3月，蒋同庆赴日留学。他先在日本广岛县府中町广岛县蚕业试验场做研究，由该场原种部、试验部的吉田、关屋等教授分别指导养蚕制种，他的养蚕制种的理论与技术有了明显提高。1933年底，经中华农学会介绍，蒋同庆前往日本九州帝国大学农学部养蚕研究室，师从著名遗传学家田中义麿教授，专攻家蚕遗传育种。在田中义麿的指导下，他潜心钻研家蚕的遗传和生理，进行"蚕蛾眼色的母性遗传""绢丝腺色素的研究"等课题的实验，观察记录了很多数据，做了2000多张资料卡片。

1938年，蒋同庆从日本辗转返回国内，随后便投身到中国家蚕品种基因库的创建中。他先后在江苏教育学院、中山大学、云南大学、四川大学、中央技艺专科学校等高等院校的蚕桑系任教。在中山大学工作期间，他和同事从沦陷区抢救出一批家蚕品种资源，从此，便在频繁地跑警报、钻防空洞、辗转迁徙中饲养繁育家蚕。20世纪40年代，蒋同庆以保存和继续繁育的家蚕品种为材料，与杨邦杰等人合作，主要对家蚕卵、茧、蛹的形质形态遗传进行实验研究，在国际家蚕遗传学界产生了一定的影响。1948年，蒋同庆根据当时国内外家蚕遗传育种的教学和研究状况，进行综合分析和系统总结，编写出版了我国家蚕遗传学第一部奠基著作——《蚕体遗传学》。

1952年，全国高等学校院系调整后，蒋同庆调到西南农学院（西南大学前身之一，下同）担任教授并兼任养蚕教研室主任、家蚕遗传育种室主任。他以北碚蚕种场原种部为核心，在成都及云南草坝，建立起3家家蚕品种选种站，把西南地区各自为政、适用品系良莠不齐，裸蛹、破风茧、有孔茧丛生的混乱品系改育升级，选出3个优良品进行系统推广，使西南地区成为中国第一个在家蚕育种中建立科学体系进行直系淘汰与旁系检定的综合性选种的地区。

20世纪60年代，蒋同庆进行家蚕人工引变的研究，获得十多个新的突变系。20世纪70年代，他创建了家蚕遗传育种研究室，以家蚕为主要材料研究遗传规律，利用学校保育的家蚕品种，从事基因分析及限性卵色实用化研究，先后发现和研究了第5白卵、新黑色蚕、棘形茶斑、杏黄色卵等近10个新的遗传基因，丰富了家蚕遗传学宝库。20世纪80年代领导家蚕遗传研究室培养了一批硕士研究生和中青年教师，并且在蚕的细胞遗传、生化遗传等方面都有突破性进展和创新。

蒋同庆几十年如一日地全身心投入家蚕品种遗传资源的搜集、保育和开发工作，光是饲育笔记、实验记录就有100多本，著述总计达350余万字，搜集、保存了大量的家蚕品种资源，建立并保存了一套在国内最完整的家蚕基因库，为家蚕遗传育种和研究工作提供了宝贵的材料。

二、中国家蚕遗传学的开拓者——向仲怀

向仲怀,1937年7月出生于重庆涪陵。1954年,向仲怀考入西南农学院蚕桑系,从此与蚕桑结缘。大学毕业后,其因成绩优异,留校任教,开始了他的蚕学研究事业。

从1962年开始,向仲怀便开始学习家蚕遗传资源保存和研究的方法,同时还开展了家蚕人工诱变和突变基因遗传分析等研究工作。1982年,向仲怀留学日本,学习蚕学先进技术并从事前沿研究,深切感受到中国与日本在蚕学领域的差距。回国后,他潜心致力于振兴祖国蚕业科学,一方面以选育高产优质家蚕新品种带动产业发展,另一方面前瞻性地构建先进的学科研究平台,培育师资队伍,开展战略性研究。在他的努力下,1993年建成我国首个部级蚕桑学重点实验室——农业部蚕桑学重点开放性实验室。2002年,蚕学研究专业“特种经济动物饲养”成为国家重点学科。2003年,向仲怀领导团队与中科院华大基因合作,在国际上率先完成了家蚕基因组测序,这是继我国科学家完成人类基因组1%测序工作、水稻基因组“框架图”和“精密图”之后,向人类贡献的第三大基因组研究成果,也是建立21世纪“丝绸之路”的起点和里程碑。2004年12月,团队在世界顶级杂志*Science*杂志发表论文《家蚕基因组框架图》,实现了我国在*Science*杂志发表家蚕论文零的突破,标志我国家蚕基因组研究已居世界领先水平。

作为国际著名蚕学家、我国蚕学界唯一的院士，几十年来，他创建了世界最大的家蚕基因库，主持建成了部级蚕学重点实验室和国家重点实验室及国家重点学科。在学科奠基人蒋同庆教授研究成果的基础上，领导学科团队建成了世界最大家蚕基因库和我国西部地区最大的桑树资源圃。他带领我国蚕桑队伍，构建了一套创新发展战略思路，改造了一个传统学科，建立了“新蚕桑学”和“现代桑蚕产业技术体系”，并先后育成春用蚕品种和夏秋蚕品种多个，占全国养蚕品种70%以上，获得大面积推广应用，创造社会经济效益数亿元。向院士一生从事家蚕遗传育种研究工作，培养了一代又一代新人，取得了一系列开创性科技创新成果，延续“丝绸之路”文化血脉，创造了蚕业世界和世界蚕业的财富。

三、中国家蚕遗传学的发展者——家蚕基因组生物学研究团队

家蚕基因组生物学研究团队以家蚕基因组生物学国家重点实验室为研究基地，围绕家蚕基因组生物学系统研究，通过开展“家蚕基因组和功能基因组学”“蚕桑资源与实验生物系统”“生物技术与遗传改良”三个方向的研究，引领家蚕模式生物化和蚕桑产业改造升级，推动战略性新兴生物产业发展。

研究团队是一支拥有中国工程院院士、国家百千万人才、国家有突出贡献的中青年专家以及973、863、公益性行

业（农业）科研专项、现代农业产业技术体系首席科学家等为主要阵容的学术队伍。近年来，家蚕基因组研究团队承担国家重点研发计划、973、863、948、111、公益性行业科研专项、国家自然科学基金、国际科技合作、中央军委科技委等科技计划项目200余项。先后在*Science*、*Nature Biotechnology*，*Nature Communications*，*PNAS*等国内外学术杂志发表论文1500余篇，出版著作十余部，授权专利60余项，获国家、省部级和国际科技成果奖30余项。此外，研究团队还广泛参与国际国内合作与交流，不仅与国内20余所高校与科研院所建立了合作关系，还与美国、英国、日本、加拿大、澳大利亚、新加坡等国家和地区的30余个科研机构或高校建立了友好合作交流关系，先后派遣了50余名研究人员和研究生赴国外留学，实施国际共同研究项目多项。

家蚕基因组研究团队始终坚持蚕桑生物学系统研究特色方向，提出并实践了“立桑为业、多元发展”的现代化蚕桑产业创新战略，重构了现代蚕桑产业技术体系，支撑了我国蚕桑产业的转型发展，积极开展和引导重大原始创新研究，努力开创21世纪丝绸之路的新篇章。

在学校三代家蚕遗传学研究者的共同努力下，西南大学在家蚕遗传育种和生物工程等领域的研究已遥遥领先。随着更多新技术的研发及应用，桑蚕业已不再局限于传统丝绸业，而是向生物材料、美容化妆、医疗大健康、文创科普、国防军工等领域拓展，推动我国高新技术产业的发展。

丝绸之路上的“大漠驼铃”

他是西南大学教授、博士生导师，亦是中国工程院院士；他扎根蚕桑领域六十余载，带领团队完成了世界上第一张家蚕基因组框架图、精细图，引领蚕桑产业转型升级；他就是丝绸之路上的“大漠驼铃”——向仲怀。

一、早期研究崭露头角

向仲怀，1937年出生。少年时代的向仲怀，恰逢抗日战争和解放战争时期，他同当时的很多人一样，在私塾学习，读了《四书》《五经》等许多古书。受传统文化的影响，向仲怀特别钦佩陶渊明“不为五斗米折腰”的气节，非常向往“采菊东篱下，悠然见南山”那种清淡高雅的生活。

1954年，向仲怀以优异的成绩选送报考大学，进入西南农学院（西南大学前身之一）蚕桑系学习，从此与蚕桑结缘。大学毕业后，其因成绩优异，留校任教。向仲怀虚心地向老一辈科技工作者请教，学习家蚕遗传资源保存和研究的方法，同时还开展了家蚕人工诱变和突变基因遗传分析等研究工作，由此开始了他的蚕学教育与科研生涯。

栽桑养蚕、缫丝织绸，一度是中国部分农村地区的重要经济来源，然而由于科技落后，品种单一、病害流行等原因，也一度困扰着蚕丝业的健康发展。如20世纪50年代的四川省射洪县等川北蚕区，春蚕期蚕病暴发，灾情连年，蚕茧单产低至仅5 kg（正常的产量应为25 kg），蚕农损失巨大。1959年3月，毕业不久的向仲怀作为四川省蚕病工作组成员被派往射洪县金华区书台公社蹲点，负责查找当地的蚕病原因并治理蚕病。向仲怀随即带了显微镜等器材前往重灾区金华区书台公社，眼看着蚕宝宝莫名死去，全国许多专家会诊皆无结果，参加工作组的人都相继离开驻地。然而，向仲怀却不愿放弃，每天和夏儒山老师两人不分昼夜地跑蚕房、查病情、收标本、解剖观察，广泛寻找病因。一天下午，向仲怀在用显微镜检查一份标本时，意外地发现了一只发育成熟的母虫，经查阅资料，确认了这是壁虱。历经4个多月的艰苦探寻，向仲怀终于确认了我国尚无记录的壁虱，就是造成春蚕大面积死亡的病原体。这次发现，为肆虐川北的蚕病找到了防治的关键，对症防治后，很快使该地区产茧产量由每张种5 kg增至当时的正常产量每张种25 kg。1978年，向仲怀又凭借该项贡献荣获了四川省科学大会奖，在家蚕遗传育种研究方面崭露头角。

二、蚕学领域第一院士

20世纪以来，日本取代中国成为蚕业科学最先进的国家，作为“丝绸之路”发源地的中国，却由于历史原因造成蚕桑产业发展的滞后。向仲怀深刻意识到向日本学习先进科技的重要性。1982年4月,向仲怀作为教育部选派留日人员赴日本信州大学纤维学部家蚕遗传及发生学研究室学习。在两年学习期间,向仲怀广泛涉足日本蚕业科研前沿领域,学习蚕学先进技术,对日本蚕业科学的现状与趋势、产业技术发展等有了深入的了解,也深切感受到中国与日本的差距。1984年4月,向仲怀按期归国。他回国后的第一件事就是将在国外所学及所带回的材料共享,将苹果接穗技术分享给园艺系,将多倍体桑母本给桑树科研组,将数十个蚕基因材料扩充到基因库,并将人工饲料、同工酶、放免、电镜等先进技术教给年轻老师。

为振兴祖国的蚕业科学,向仲怀一方面以选育高产优质家蚕新品种带动产业发展,另一方面前瞻性地构建先进的学科研究平台,培育师资队伍,开展战略性研究。1988年,向仲怀申请了"桑蚕基因库"项目研究。该项目整理了自20世纪40年代以来保存的家蚕基因资源品系及世代记录资料;建立完善了长达100余世代的谱系记录,并搜集、引进和研究发现新的突变系,将保存基因系统扩充至400个;建立我国历史最久、存系最多的家蚕基因库,初步建立了一套家蚕连锁分析标记基因系统;解决了我国蚕学研究与产业发展的遗传资源问题。1991年,向仲怀任蚕桑系主任,一年后领导成立了蚕桑丝绸学院,1993年,建成农业部蚕桑学重点开放实验室,大力推进分子生物学和遗传工程研究,从此一步步把蚕桑学科带向新高度。由于向仲怀在家蚕遗传育种研究与推广方面的巨大成就与贡献,1994年,获四川省重大科技贡献科技奖。1995年,向仲怀当选中国工程院院士,成为我国蚕学领域第一位院士。

三、家蚕基因研究领先世界

1995年,向仲怀联合中国科技大学李振刚教授提出了中国第一个家蚕基因组研究的建议,同时启动近等位基因系材料和技术的准备。对中国而言,家蚕基因组研究计划对于蚕业发展、农林害虫防治、生物反应器以及民族文化均具有重要意义,向仲怀和他的团队油然而生一种使命感。2001年8月,由日本组织,在法国里昂召开了国际鳞翅目昆虫基因组计划筹备会,有8个国家的20多位科学家参会,但是中国竟被排除在外,事前未得到任何消息。随后,日本科学家到中国来,提出了将在日本筑波召开正式的会议,并启动家蚕基因组研究的计划。向仲怀心里很不是滋味,作为蚕丝产量占世界总量70%的中国居然未被邀请,为了让更多外国人了解我国真正的蚕丝科技与文化,他一方面大力呼吁家蚕基因组计划应开展国际合作;另一方面,为在日本筑波召开的会议做积极准备工作。向仲怀及其团队迅速启动了大规模的家蚕EST(基因表达标签)测序研究,在短时间内完成了10万条,而当时其他国家一共才完成3万多条。2002年10月,中国在筑波会议上宣布家蚕EST测序结果后,其他国家大为震惊,日本的态度也随之大变,提出愿和中国科学家共同牵头,攻克家蚕基因组难关。于是,中日两国决定在2004年底前完成家蚕基因组序列，并成立国际家蚕基因组计划协作委员会，中国和日本各两位科学家作为委员会成员。然而从2003年开始，日本方面的反应却非常冷淡，3月5日，日本单方面启动了家蚕基因组测序工作。

为了迅速抢占家蚕基因组研究领域的制高点，向仲怀好几个晚上都彻夜难眠，他觉得不论是学科和产业的发展，还是丝绸文化的传承、民族精神的弘扬，都应该正面迎接这个挑战。因此，他多次召集西南农业大学（西南大学前身之一，下同）蚕桑学重点实验室的研究人员开会，反复研究讨论同一个问题：家蚕基因组研究是干，还是不干？2003年5月18日，向仲怀院士和他实验室的同志们做出了一项重大决定，紧急启动中国家蚕基因组框架图研究。向仲怀表示：决不能让丝绸之路断送在我们这代人手里，我们有责任让丝绸之路重放异彩！以西南农业大学实验室为后方，以北京基因组研究所为前线，任命夏庆友教授为前线工作组组长，克服重重困难，自筹经费，破釜沉舟与日本拼一场。[1]

实验室把多年积累的1000万元全部拿出来作为启动资金，后来又和中科院达成协议，双方各投入3000万元用于这个项目。绘制"框架图"的战斗打响了。在北京担任现场总指挥的夏庆友教授和向仲怀实验室的3位教授带了10多位硕士生、博士生和中科院的同志夜以继日地艰苦奋战。在西南农业大学这边，向仲怀一方面抓紧研究工作，一方面每天

① 中国教育报刊社组编：《漫游中国大学——西南大学》，重庆大学出版社，2007，第98-99页。

通过邮件、电话了解北京那边的工作进展，通过各个渠道了解国际动态，特别是日本方面的情况。在那个战斗的日子里，向院士和他带领的近300人的团队，每个人的工作时间都是从早上9点开始到凌晨2点结束，测序机器没有停过1分钟。

作为项目主持人，向仲怀肩上的担子和压力重若千斤。在他的精心组织下，研究工作按照预先制定的时间表有序进行。2003年6月11日，测序工作启动；8月25日，测序完成，比预定时间提前5天完成了所有需要的数据；10月7日，完成组装拼接。11月15日，重庆市政府和中国科学院在重庆联合举行“中国家蚕基因组框架图绘制完成”新闻发布会，向仲怀带领的团队率先向世界公布了家蚕基因组框架图，标志着我国在家蚕基因组研究方面已居世界领先地位，这是继我国科学家完成人类基因组1%测序工作、水稻基因组“框架图”和“精密图”之后，向人类贡献的第三大基因组研究成果，也是建立21世纪“丝绸之路”的起点和里程碑。家蚕基因组“框架图”绘制工作完成后，向仲怀院士深深懂得，虽然家蚕基因组“框架图”的绘制完成，使我国抢占了世界茧丝发展的制高点，确保了我国茧丝生产和出口大国的地位，但眼下最为紧迫的任务就是对所获得的海量序列信息的生物学意义进行分析。2004年12月，团队在世界顶级杂志 *Science* 发表论文《家蚕基因组框架图》，实现了我国在 *Science* 杂志发表家蚕论文零的突破，标志我国家蚕基因组研究已居世界领先水平。

2008年，中日又联手成功绘制了世界首张家蚕全基因组精细图谱。随之，世界首件转基因彩色蚕丝衣服也在西南大学问世。2009年，向仲怀及其团队又完成40个蚕类基因组重测序，并再次在*Science*杂志上发表论文。2011年，科技部批准依托西南大学建设家蚕基因组生物学国家重点实验室。

向仲怀不仅注重科学研究，也十分重视团队建设。他非常注重扶持和培养年轻人，不仅邀请一批国外知名专家前来讲学，开阔青年人的学术视野，同时还派出一批青年出国深造，给国内青年教师创造发展空间，一批后继人才茁壮成长起来。"向老师帮助我们申请课题，指导我们研究，帮助我们修改论文。而论文改好后，署名时，他总是把自己的名字从前面圈到了后面。"[①]正是这样的无私奉献，使向仲怀的蚕学团队形成了一个团结协作的战斗集体，成为国际上最强的蚕学团队，从团队中走出了许多杰出的人才，为推动我国蚕业科学研究和蚕业生产发展做出了重要贡献。

淡泊名利，崇尚真知，是向仲怀院士人生履历的鲜明写照。从1958年毕业至今，向仲怀一直工作在教学科研第一线，他坚持学习与刻苦钻研，为祖国的科学事业默默耕耘、无私奉献。工作几十年，他获得的荣誉和奖励很多，荣获全国优秀教师、四川省重大贡献科技工作者、重庆直辖十年建设功臣等荣誉称号。虽然荣誉加身，但是他把这些看得很

① 西南大学蚕学与生物系统学研究所编《丝路》，西南师范大学出版社，2008，第162页。

淡，他常告诫自己的学生，作为一名农业科技工作者，千万不能为金钱所动，为名利所累，否则，事业成功只能是一句空话。向仲怀正是以自己一丝不苟的治学态度，不为名利、顾全大局、拼搏奉献的求索精神，深深地吸引和影响了一批批优秀青年人才。“……丝绸古道，笛声悠扬，一条中华文明的彩带织就了人类的梦想……花绫蝉衣，日月同彰，帛书万卷，科技之光，丝路驼铃再度唱响，蚕丝之光弘扬天下……”这首由向仲怀亲自填词的《丝路驼铃》，歌唱出了向仲怀的心声，而正是在向仲怀等一批蚕业科学工作者的引领下，“重建21世纪丝绸之路”的宏伟目标正在实现。[1]

---

① 张文娟：《向仲怀：新丝绸之路上的驼铃》，《中国农村科技》2012年第5期，第66-67页。

油菜田里的“革命家”

他是“突出贡献中青年专家”“全国‘五一’劳动奖章”的获得者；他从事油菜遗传育种工作30余年，是油菜繁育事业的国际领军人物，他就是油菜田里的“革命家”——李加纳。

一、潜心科研与教学

李加纳，1957年9月出生于四川万县一个普通的家庭。李加纳虽然出生在艰难的日子里，但是他自幼喜欢读书，并在书中找到了乐趣。尤其是偶然间得到的两本书——达尔文的《物种起源》和汤姆生的《科学大纲》，更是深深地吸引着他，为他以后坚定科研的决心起到潜移默化的作用。16岁那年，由于家庭经济拮据，他高中还未毕业，就中断了学业，进入攀枝花农科所工作。最初他被分配在工人班，由于虚心好学，不久便转入蔬菜科研组，在廖德寿老师的指导下从事番茄育种工作，具体负责田间观察记载、栽培管理等，这为他以后的科研工作打下了良好的基础。三年的探索，李加纳对田间工作已得心应手，同时也体会到了农人的艰辛。

1977年恢复高考后，李加纳考入西南农学院（西南大学前身之一，下同）农学系，他给自己制订了严格的学习计划，除按时完成作业和实验报告外，还努力博览群书，开阔视野，丰富学术知识。大学三年级，李加纳在刘文斗教授的指导下，开始从事杂交水稻双亲花期调控的研究工作，其间，他还和几个研究生一道利用业余时间帮助农学系张凤鑫教授做四川棉区区域规划。此外，他也开始接触油菜研究，那一望无垠的金黄色油菜田，成为他未来梦想实现的地方。1982年，李加纳考取了全国知名油菜遗传育种专家邱厥教授的研究生，主攻油菜品质性状的数量遗传研究，从此便踏上了油菜遗传育种研究的漫漫长路。研究生三年学习中，李加纳勤奋好学，在其研究生学位论文的准备中，李加纳承接了四川省六五育种攻关项目“油菜脂肪酸数量性状的遗传研究”。在导师的悉心指导下，经过两年的试验研究，李加纳撰写的毕业论文《甘蓝型油菜芥酸及其脂肪酸数量性状的遗传分析》荣获首届四川省青年研讨会优秀学术论文一等奖，这让李加纳更加坚定了从事科研工作的信心。

研究生毕业后，李加纳便留在了西南农学院任教。他虽然常年工作繁忙，但仍然坚持每学期为本科生、研究生、博士生上课。他为本科生开设的“农学专业导论”和“现代作物研究进展”课程，以丰富的现代农业生产技术和理论，展示了农学学科和农学专业的重要作用、最新进展和发展前景，帮助学生正确认识学科专业，稳定专业思想，激发学习兴趣和主动参与意识，深受学生的欢迎。

李加纳经常对学生说：“做研究要把眼光放开，看到每一条可能走的路，不要局限在一点；而每一条路又要坚持把它走到底，这样得到的结果，不管是正面的还是反面的，才有可靠性。”[①]为了培养学生的动手能力和科研精神，他常年居于田间一线，松土、起垄、担粪、播种、栽苗，亲自带领学生全周期、多方位、细观察油菜的生长过程。有时置身田间，对着成千上万份的实验材料做详细的观察记载；有时头顶烈日，站立七八个小时做油菜杂交授粉；有时衣沾雨水，携带各式工具挑选植株；有时身背器械，行走于田间地头喷洒试剂。正是因为李加纳一如既往地亲力亲为，才能指导学生完成了一篇又一篇有理论、有实践价值的论文。

30余年来，李加纳先后指导博士后、博士生和硕士生百余人。他爱生如子，学生也非常敬重他。有学生曾这样评价他："李教授是一个计划性非常强的人，不论白天忙到多晚，身体有多疲惫，也一定要在当天处理完邮件。很多邮件是学生在请教学术问题，奉行学术至上的李教授从不敢耽搁。”"李老师致力于为我们营造一个单纯的学术环境，他是一个纯粹、勤勉、正直的人。”正是这份坚持，使李加纳培养的一大批学生成为我国农业科研、教学、管理岗位的骨干，他自己也获得"教育部高等学校优秀骨干教师”称号。

二、"渝黄1号”突破难题

没有攻坚克难的勇气就不可能有创新，没有创新就不会有发展，李加纳秉承"人无我有，人有我新”的创新精神，把

① 陈鹏，陶建群：《时代精神——记东方之子李加纳》，当代中国出版社，2001，第68页。

科研目标瞄准“甘蓝型黄籽油菜育种”，30多年从未间断，坚持研究。

几十年来，让油菜多产油、产好油是当代科学家孜孜以求的梦想。但是，几代科学家的艰辛并没有将油菜的品质与产量有机地结合起来。根据其遗传类型油菜可分为白菜型、芥菜型和甘蓝型。白菜型和芥菜型油菜为天然黄色籽粒品种，成色较好，出油率较高，但产量低；甘蓝型油菜为黑色籽粒，成色欠佳，出油率偏低，但产量较高。如何把两种优势结合在一起，成为科学家苦心研究的目标。自20世纪80年代初，李加纳就开始搜集白菜型、芥菜型黄籽油菜的资料和埃塞俄比亚芥黄籽油菜的资料，在对这些资料进行了初步研究后，他便开始以它们为黄籽基因源，通过远源杂交、组织培养等方法向甘蓝型油菜中转育黄籽基因，同时，对甘蓝型油菜等辐射诱变，从中选择黄籽突变体。通过多年的努力，经过无数次的失败，他终于得到了一批甘蓝型黄籽材料。1998年后，李加纳又从唐泽静、李崇辉教授手中接过一批黄籽材料，然后又经过多轮复合杂交和轮回选择，获得一批抗性好，农艺品质性优良，产量高，含油量、蛋白质含量特高的甘蓝型黄籽新材料，这些材料在籽粒色泽，稳定性，蛋白质、含油量总量等方面优于国内其他品种（系），达到国内领先水平。在克服黄籽性状遗传不稳定和含油量与蛋白质含量不能同时大幅度提高这两个世界性难题方面取得了突破性进展。随后，李加纳和他的课题组成员乘胜追击，很快又研究出了以GH01为亲本的甘蓝型黄籽杂交油菜组合——渝黄1号。渝黄1号加工的菜油兼具传统菜油和色拉油的优点，即无色素、少杂质、金黄清澈透明，保持了菜油香味和沸点高的特点。渝黄1号的培育成功，实现了油菜育种家多年的梦想。《人民日报》《香港商报》等多家报刊惊呼："一颗种子要改写世界油菜历史！""一滴菜油将引发中国餐桌革命！"[①]2003年1月27日，李加纳荣获"振兴重庆争光贡献奖"。继渝黄1号之后，渝黄2号、渝黄3号，渝油20号、渝油21号等又一批新的黄籽油菜品种相继问世，极大巩固了黄籽油菜在我国油菜育种领域的领先地位，部分应用基础研究居于国际或国内领先水平。

不急于求成，踏踏实实做好每一个环节，是李加纳教授秉承的科研精神。从事油菜遗传育种工作30余年，李加纳先后主持承担了国家重点项目和省市重点科研项目70余项，育成油菜新品种17个，获得国家发明专利授权12项。凭借扎实而具有创新性的科研成果荣获了国家科技进步奖二等奖、教育部科技进步奖一等奖、重庆市科技进步奖一等奖等诸多奖项。不仅如此，他还十分注重团队建设，珍惜人才，以自身的人格魅力团结各种类型的专家人才一起工作，使学科团队充满生机活力。他所领导的科研团队2004年被批准为"重庆市第一个农业领域的工程中心"，2007年被批准为"重庆市首批高校创新团队"，2016年获得科技部"作物

① 曹烈焰、程龙：《李加纳：改写世界油菜史的重庆人》，《新重庆》2003年第4期，第15页。

重要性状基因功能解析及应用创新团队”称号，2018年被教育部命名为“全国高校黄大年式教师团队”。

三、科研成果服务社会

科技成果不能放在档案柜里，要让它为农民增收、农业增效、农村发展作贡献。为了使渝黄1号走出实验室，走进田间地头，走向全国进而走向世界造福亿万百姓，李加纳教授与相关机构合作，共同开发出优质高效甘蓝型黄籽杂交油菜“渝黄”系列品种。为了尽快推广应用黄籽油菜新品种，促进科研成果转化成现实生产力，使科研优势转化成产业发展，李加纳教授带领团队成员吃住在农民家，每年从田地规划开始，播种、中耕除草、花期观察、套袋自交、扛锄头和农民一起干活，对当地农民进行悉心指导，开起收割机收获油菜籽等，并建立起3000亩黄籽油菜杂交制种基地和10万吨黄籽油菜加工厂，很快使甘蓝型黄籽油菜新品种实现了规模化生产，让优质油和饼粕进入了千家万户。

“百万亩甘蓝型黄籽油菜产业化工程”成为重庆市政府10个农业产业化百万工程之一，国家发改委批准将“优质高效甘蓝型黄籽杂交油菜种子产业化工程”列入国家西部开发高技术产业化示范工程。黄籽油菜新品种推广应用累计已为农民和农业加工企业增收增效超100亿元。

此外，李加纳教授还亲力亲为探索丘陵区油菜机械化生产技术，他带领团队成员每年多次到基层乡镇，培训农户、指导生产，足迹遍及西南5省市上千个乡镇，培训农民上万人次，建立高产示范片区上百个点次，为西南区油菜生产水平提高和产业化发展做出了积极的贡献。

“人生不应该是简单的追名逐利，而应该为后世做一点儿值得大家认可、对社会发展有所裨益的实事，有可能是一座百年不垮的桥梁、一个有利于社会进步的发明、一个受农民欢迎的新品种或者是为国家培养出一批超过自己的学生，也可能是一首诗、一支歌、一幅画、一篇小说被人们传颂、带给人们欢乐。那么，等你们退休的时候，就可以自豪地说，我这一辈子值了！”这是李加纳教授在学生毕业典礼上说的话，也正是他孜孜不倦地坚持以科研为责、以教育为乐的真实写照。

科技企业的孵化器

重庆市北碚国家大学科技园（以下简称大学科技园）位于重庆市北碚区，是科技部、教育部认定授牌的首批国家大学科技园之一，由西南大学、北碚区人民政府和深圳东南集团联合共建，形成了“大学依托、政府支持、企业运作”的运行模式，充分发挥“校、地、企”紧密合作建园的优势，探索实践了“混合制经济”在国家大学科技园建设发展中的创新服务新模式。大学科技园作为科技创业综合服务的平台和机构，依托西南大学强大的科研实力，将大学的综合智力资源优势同其他社会优势资源相结合，积极推进政、产、学、研、用紧密结合，通过技术创新研发与成果转化，孵化培育科技型中小企业，培养创新创业人才，促进科技教育与经济融通发展，培育区域经济新的增长点，形成各种创新要素的聚集地。大学科技园构筑创新转化平台，如今成了科技企业与创新创业人才培育的摇篮，是环西南大学创新生态圈的核心组成部分。

一、成立及发展历程

2002年5月23日，西南师范大学和西南农业大学、北碚区人民政府联合按照科技部、教育部《关于同意北京理工大学等单位启动建设国家大学科技园的通知》的文件精神启动建设“重庆市北碚国家大学科技园”。北碚区政府、西南师范大学、西南农业大学共同选派人员组成大学科技园管理委员会，并设立管委会办公室作为日常工作机构。2003年2月26日，由西南师范大学和北碚区政府共投资3000万元注册成立重庆市北碚大学科技园发展有限公司，作为大学科技园的建设业主及市场化运作载体。其中西南师范大学占85%的股份，北碚区政府占15%的股份。大学科技园开始筹建时，整体租用了重庆市高创中心五一所孵化大楼（天生路7号）作为大学科技园的科技企业孵化场所，同时着手新园区的规划建设。园址在北碚城南新城姚家湾，规划面积1978亩，按照“三区一街”（技术创新区、专业孵化区、人才引进区、科技一条街）规划和建设科技园，建设确定以生态环保高新技术为西部大开发和三峡库区生态环境保护与建设服务，以生物高新技术为西南丘陵山地生态农业产业化发展服务的办园方针，充分发挥学校以农为主多学科综合大学的优势。

2004年3月，公司进行第一次股权结构调整：西南师范大学占65%的股份，原西南农业大学占20%的股份，北碚区政府占15%的股份。2004年12月28日，重庆市北碚国家大学科技园通过科技部、教育部评估验收，正式批准其成为国家级的大学科技园。2008年9月，教育部同意西南大学转让大学科技园公司75%的股权，按照法定程序，大学科技园公司进行了第二次股权结构调整。调整后，北碚区政府占股

90%，西南大学占股10%。2009年，西南大学成立国家大学科技园管理中心。2010年3月，深圳东南集团入驻科技园公司，大学科技园公司按照法定程序进行了第三次股权结构调整，西南大学、北碚区政府各占股10%，东南集团占股80%，自此形成了“大学依托、政府支持、企业运作”即“校、地、企”三方联合共建的“混合制经济”建园模式。2014年10月，科技创业中心作为大学科技园建设的核心区，正式投入使用，总建筑面积85000 m²，建设有科技创业孵化区、文化创意产业区、金融机构服务区、众创空间等，公共服务场地面积近10000 m²，建设了创新成果展示区、党建服务区、多功能会议室、员工餐厅、车库等，从基础设施上提供了保障。2015年，建设成为“重庆市众创空间”“重庆市大学生创业示范基地”。2016年，“重庆市互联网+现代农业”产业园正式落户北碚国家大学科技园。同年，大学科技园众创“易空间”成为“国家备案众创空间”。2017年，大学科技园获科技部认定为国家级科技企业孵化器。

二、突出特色，创新办园模式

大学科技园在创新、引领、协作、发展理念的引导下，结合区域经济社会发展需要和重点产业发展方向，依托西南大学的科研资源和人才资源，在政府政策引导的支持下，实行市场化运营模式，形成了“立体孵化模式”，开启了创业苗圃（启蒙）—孵化器（成长）—加速器（发展）的孵化链条，打造了一条从孵化企业技术创意、产品实现到各个阶段产业化全覆盖的孵化服务生产线。

大学科技园坚持走"政产学研金"结合道路,加强培育科技型企业。以依托大学科研力量与技术成果转化为基础,立足地方特色产业和社会经济发展,着眼国际国内先进水平,开放平台,放眼未来。一是发挥大学科技园平台聚集作用,通过成果信息汇集、资源共享、平台共建,进一步促进"校地企"紧密合作;二是发挥大学科技园平台的纽带作用,通过平台综合服务、利益共享、合作共赢,进一步促进政治家、科学家、企业家、金融家、投资家的有效合作,在更高层面上结合政策引导、组织服务推动产业与技术、资本的有机结合,从而在一定范围内形成科技资源有效聚集、创新活力竞相迸发、企业发展持续高效的经济生态环境。大学科技园努力实现"转化一项成果,引进一个企业""建设一个基地,示范一个村,带动一个乡镇"的模式,探索了科技成果转化推广新机制和新农村建设的新途径。

此外,大学科技园按照总体规划不断建设发展,形成了"一园多区""一园多基地"的格局发展,核心园区规划建设有科技创业中心区、文化创业产业区、高新技术产业区、中心商务区、商务会展服务区,并建设有柑桔研究所分园、荣昌分园以及石柱、忠县、秀山等3个外园基地。其中5个功能区是本部核心区,2个分园是依托大学的组成部分,3个基地是依托大学加强与地方政府及企业合作的体现大学科技园辐射带动能力而建立的产学研基地。大学科技园“523”体系显示出了较强的聚集、引领、辐射与带动能力。

三、加强扶持，促进就业创业

为促进科技成果转化及通过创业实现就业，使入驻企业享受园区高效的孵化服务，大学科技园出台了《公共服务平台建设资金使用管理试行办法》《大学生创业基金管理暂行办法》《关于推进分园建设及产学研基地建设的意见》等一系列制度，并形成了政策咨询、公共服务平台、专题培训、创业辅导、投融资、信息宣传、人力资源、中介代理等8个服务板块，从多方面进一步建立完善制度，强化服务工作，加强支持师生转化科技成果创办小微企业，有序有效推进各方面工作。

同时，为贯彻落实党中央、国务院关于促进大学生创业就业的一系列指示精神，有效促进人才培养质量的提高，充分发挥大学科技园的作用，大学科技园与西南大学学生处、招生就业处、研究生工作部、创新创业学院等单位紧密协作，建立了学生“双实双业”基地，并在创新创业人才培养与大学生创业就业方面搭建了“高校学生科技创业实习基地”“国家小型微型企业创业创新示范基地”“重庆市大学生创新创业基地”“重庆市科技企业孵化器”“重庆市知识产权试点园区”“创新创业人才培育集聚示范基地”“重庆市市级微型企业孵化园”“西南大学学生创新创业基地”“重庆市北碚区微型企业创业孵化基地”“碚有引力人才家园”“北碚区青年创新创业基地”“北碚区专利微企孵化园”等，充分积聚地方政府政策、政府部门力量、高校研究机构成果与智力、社会企业资金与经验、中介服务等多方面资源与信息，推动科技园的创新孵化服务，更好地实现大学科技园的功能。

此外，在促进创业就业的工作中，园区注重加强做好三方面工作：一是“扶上马”，跟踪科技项目或创意团队，为拟创业者和初创企业提供各种咨询、协调服务和支持政策；二是“执马镫”，跟踪初创企业开展服务，了解实际困难与需求，并给予实际的扶持帮助；三是“千里马”，尽可能地与大学生创业者探讨办企业的意义、如何整合资源并克服具体的困难，以期从创业实践中引导创业者尤其是青年创客正确树立观念、精神、气质，培育出更多的驰骋于中华大地的“千里马”，从而实现科技园孵化期间的教育功能。

大学科技园秉承“创新、引领、协作、发展”的建园理念，在“大众创业、万众创新”的时代背景下，打造众创空间、创业社区等创新支撑平台，聚集政府、高校、企业共建三方资源，提升园区专业化、精准化综合服务水平，吸纳和培育了一批优秀企业和创新创业人才，形成产业集聚，促进区域产业结构升级，努力将大学科技园建设成为立足重庆、辐射西部、面向国内外、具有鲜明特色的一流国家级大学科技园，为加快实施创新驱动发展战略、建设创新型国家而不懈努力。

科技赋能打造“智慧北碚”

当前，以信息化、智能化为重要支撑的智慧城市建设，成为世界城市发展的前沿趋势。重庆市贯彻落实《重庆市以大数据智能化为引领的创新驱动发展战略行动计划（2018—2020年）》文件精神，重点发展大数据、人工智能、集成电路、智能超算、软件服务、物联网、汽车电子、智能机器人、智能硬件、智能网联汽车、智能制造装备、数字内容等十二大产业，打造智能产业集群，实现以智能化引领关键核心技术创新，推进建设现代产业体系，提升社会治理水平，为人民群众创造高品质生活，建成全国领先的智能化技术创新高地和智能化应用示范基地。随着《重庆市以大数据智能化为引领的创新驱动发展战略行动计划（2018—2020年）》的深入实施，北碚在智能产业发展集聚等方面获得了更多机遇和空间。《北碚区以大数据智能化为引领的创新驱动发展战略行动计划（2018—2020年）》明确提出，要强化大数据智能技术在产业发展、政府管理、民生服务、公共产品、社会治理等领域的应用，全力建设“网络强区”“数字北碚”“智慧北碚”。

一、引领产业转型升级

北碚区贯彻新发展理念，落实高质量发展要求，深化供给侧结构性改革，用创新为传统产业赋能，积极布局发展新兴产业。2018年6月，北碚与中国航天科工集团公司第二研究院签订相关合作协议，双方将以北碚区智慧城市建设为契机，设立智慧北碚创新研究院，打造航天智慧北碚云平台，同步开展智慧园区、公共安全、交通、管网、环保、安监、水利、政务以及智能制造等专项智慧应用建设，打造重庆市新产业生态，最终建成北碚智慧科技产业城。此外，北碚区还分别与浪潮集团有限公司、国信优易数据股份有限公司、新华三技术有限公司、源澈科技开发（深圳）有限公司、南威软件集团等企业签订战略合作协议，依托企业在云容器、云计算、大数据、“互联网+”等方面的优势，共同推动北碚大数据数字化智能城市全产业链建设。重大智能项目的引进，为北碚推进下一代互联网与智慧城市建设、加速智能产业发展提供了强有力的支撑。

2019年，北碚区积极引导帮助传统企业进行智能化改造提升，新培育2个智能工厂和7个数字化车间，帮助四联光电、正川包装、京东方、莱宝科技、川崎机器人等46个智能化改造项目开展了机器换人、技术改造、工业强基、上云上平台等工程，通过大数据智能化手段，北碚区企业在产品合格率、生产效率、节能降耗、经济效益等方面均有显著提高。在为传统产业赋能升级的同时，北碚区也在加速向新兴产业布局、发力。在2019年的智博会上，北碚区承办了其中的传感器与物联网高峰论坛与第二届工业互联网高峰论坛。在论坛上，北碚正式宣布了新布局的两大产业：一是打造工业互联网产业生态园，二是打造传感器产业。在北碚区内分地区打造智慧空间，发展新兴产业。如在歇马，布局了大数据智能化、新能源、新材料等产业；在蔡家智慧新城，重点推动传统汽摩制造智能升级，完善仪器仪表、装备机电产业生态链条，打造工业互联网云制造生态体系；在水土高新园区，集聚发展高新技术产业，打造高新产业聚集地。[①]

2020年，以位于北碚区的工业互联网产业生态园为中心，大数据引领的数字经济正异军突起。随着由中国工业互联网研究院重庆分院、国家工业互联网大数据重庆分中心和国家级工业互联网平台应用创新体验中心（西南地区）组成的工业互联网“三大件”齐聚北碚，全国十大双跨平台的航天云网以及国信优易西南总部基地等项目纷纷落户，北碚着力推进以大数据智能化为引领的科技创新，加快工业互联网经济发展，抢抓“新基建”机遇，将北碚打造成重庆的工业互联网窗口，推动重庆市数字经济发展。

如今，北碚已基本形成“一院”（中国工业互联网研究院重庆分院）、“三中心”（国家工业大数据制造业创新中心、国家工业大数据重庆分中心、国家级工业互联网平台应用创新体验中心）、“两平台”（航天云网工业互联网应用平台、国信优易产业应用决策大数据平台）、“两总部”（优易数据西南总部、云制造产业线下综合服务西南总部）、“两基地”（航天科工重庆云制造产业基地、西南大数据创新创业基地）和若干上下游企业的工业互联网产业生态格局。

①《北碚传统企业赋能升级 新兴产业加速布局 改革创新为高质量发展注入不竭动力》，《重庆日报》，2020年01月12日，第11版。

二、打造环西南大学创新生态圈

2016年，重庆市科学技术委员会牵头出台了《关于升级培育众创空间服务实体经济转型发展的实施意见》等一系列文件，明确指出本着因地制宜、整合集成、共建共享的原则，按照创新创业主体聚集、创业投资机构聚集、中介服务机构聚集、众创空间聚集的标准，以两江新区、国家和市级高新区、大学科技园区等为重点，采取市区联动和龙头企业带动以及中小微企业、高等学校、科研院所等多方协同的方式，推动创业主体、创业载体、创投资本、研发和检验检测平台、服务机构等聚集协同发展，打造众创空间复合体，建设创新创业生态圈。

2019年5月，“环西南大学创新生态圈”正式揭牌。环大学创新生态圈建设是重庆市促进高校创新资源与市场有效对接，优化大学周边创新创业生态，推动大学科研成果转移转化的重要举措。揭牌仪式上，中国科学院重庆绿色智能技术研究院等58个国内外科技创新项目、科技企业和创投基金集中签约落户环西南大学创新生态圈，涉及人工智能、大数据、农业科技、生物科技、医疗健康等领域。

北碚区在大力推动以大数据智能化为引领的创新驱动发展中，全方位深化与西南大学校地合作，支持西南大学“双一流”建设，推动形成“一圈多点、以点带面”校地合作新格局。一是筑平台，高质量打造环西南大学创新生态圈，建设好西南大学（重庆）产业技术研究院，实施“六大工程”，完善“四大链条”，优化“两个生态”，集聚一批实实在在的校地合作成果。其中，“六大工程”包括天生创新创业街、北碚国家大学科技园、北碚亿达创智广场、北碚朝阳文创大道、天生丽街商圈业态升级和环西南大学城市品质提升工程。“四大链条”包括双创政策支持链条、先进技术研发链条、创新人才培育链条和创新资本扶持链条。“两个生态”包括技术研发生态体系和双创企业成长生态体系。二是拓领域，以科技创新合作带动全方位合作，依托西南大学学科优势，深化双方在民营经济、乡村振兴、基础教育、文化旅游、卫生健康等领域的合作。三是强支撑，统筹校地创新资源，落实科技创新券和科技型企业知识价值信用贷款政策，设立“嘉陵创客”种子基金，大力支持高校师生创新创业。①

目前，从选种、育苗、造林直至成材，环西南大学创新生态圈已经形成一条完整的孵化服务体系，每一个创新创业环节都有效链接，有分工、合作，在服务上既有差异化，又有集成化，各具特色而又相辅相成。从天生创新创业街（苗圃、孵化器、众创空间）—北碚国家大学科技园（加速器）—亿达创智广场（产业拓展）—水土高新区、两江蔡家智慧新城，每个环节都配有相应的服务平台，实现项目从创意到企业的嬗变。

① 王亚同：《加大创新支持力度 做好“三篇大文章”》，《重庆日报》2019年5月24日，第1版。

三、增强科技服务

增强科技服务、优化营商环境是激发经济活力、推进经济高质量发展的内在要求。重庆市科协科技服务中心为深入开展科技信息企业推广应用工作，提升企业对科技信息的理解与应用，助力企业技术创新提质增效，面向全市企业开展科技信息精准服务，点对点上门为企业技术主管、一线科技人员、知识产权工作人员等开展科技信息数据库授权注册、操作使用、应用技巧等辅导。近年来，北碚区也持续增强科技服务不断优化营商环境，出台20条扶持政策，更新完善成长型微型企业培育库和“顶天立地”目标企业库，强化“一企一案”重点培育，全面实施民营企业“铺天盖地”“顶天立地”发展五年培育计划。

2019年，为帮助民营企业解决发展难题，北碚区统筹安排财政资金1.26亿元，用于扶持民营经济发展。上线全市首个服务民营企业“网上直通车”和“自己人”App，建立“区长、分管区领导、部门”三级问题化解联动机制，帮助民营企业解决融资、用地、基础配套等方面的实际困难，先后化解企业难题700余件。2020年，北碚区科技局也通过增强科技服务不断优化营商环境，培育出一批科技型企业。一是派出4名驻厂专员帮助企业一手抓防控，一手抓生产，并出台《重庆市北碚区科学技术局关于疫情防控期间区级科研项目管理服务工作相关事宜的通知》《重庆市北碚区科学技术局关于抗击疫情支持企业复工复产的相关措施》《重庆市北碚区科学技术局关于疫情防控期间进一步为各类科技企业提供便利化服务的通知》等政策帮助企业渡过难关。二是开通绿色通道，加快2019年第二批创新券审核兑现工作，涉及企业162家，拟兑现金额200万元。争取第一时间将政府支持资金落实到位，为北碚区企业复工复产提供切实有效的帮助。三是开展知识价值信用风险补偿基金（首期1000万元）试点工作。贷款额度达1.35亿元。四是加强走访宣传。安排专人深入企业进行“一对一”精准对接，现场宣传科技型企业有关政策、现场解答入库难题。

同时，北碚区对已经停产且依靠自身实力无法恢复生产的“僵尸企业”，引进有实力的企业对其进行收购。组织5个园区招商小组、7个专业招商小组，严格按照行业、领域、布局、体量4个标准筛选目标企业，扎实开展精准招商、产业链招商，有针对性地引进大数据、人工智能、物联网、智能终端等龙头企业，培育和发展新的产业集群。

“智慧城市”不仅是一个技术系统，更是一个支撑政府、企业和市民有效运行的新型城市生态系统，其核心是“人”，目标是宜居宜业。北碚区深入贯彻创新发展理念，大力实施创新驱动发展战略，在深度推进工业提质增效、培育发展新动能中，走出一条创新驱动、绿色发展的崛起之路。科技赋能打造“智慧北碚”，将加快提升北碚城市综合竞争力，为市民创造更美好的城市生活。

蜡梅香自“科技”来

天工点酥作梅花，此有蜡梅禅老家。

蜜蜂采花作黄蜡，取蜡为花亦其物。

——摘自苏轼《次履常蜡梅韵》[1]

静观镇，位于北碚区东部中心地带，始建于清朝乾隆十六年（1751年），因境内有一座古庙“静观寺”而得名，素有“中国花木之乡”的美誉。寒冬腊月时节，请你一定要到静观镇的街头走一走。你会惊奇地发现，此时满城都浸润在醉人的花香里，沁人心脾的花香甚至吸引了全国各地的商贩与游客，不远千里汇集于此。其中，这股让人“沉醉不知归路”的清香，就来自静观镇中漫山遍野林立的蜡梅。

一、蜡梅花名考

蜡梅，原名黄梅花。其实，在我国宋代以前，蜡梅还名不见经传，人们常常将它与梅花相混淆，以为蜡梅与梅花是同类。直到宋代，苏轼、黄庭坚对蜡梅的特征做出描述，才唤起人们对它的关注，自此黄梅花改称为蜡梅，并日渐盛行于世。[2]又据王世懋在《学圃杂疏》中考证，蜡梅是寒花绝品，

① （宋）苏轼著，邓立勋编校：《苏东坡全集》上，黄山书社，1997，第527页。

② 程龙、宋宝军：《花卉诗注析》，山西教育出版社，1990，第493页。

世人多以为它因为在农历腊月开放，所以称它为蜡梅，事实上并非如此，只因“色正似黄蜡耳”[1]。而《本草纲目》中李时珍对蜡梅名称解释得更为清楚，认为蜡梅本身并不属于梅类，只“因其与梅同时，香又相近，色似蜜蜡，故得此名”[2]。

蜡梅别名极多，如黄梅、黄梅花、寒梅、早梅、野梅、蜡梅、蜡木、香梅、素儿等，最有趣的当属“素儿”这个芳名。素儿本为宋人王直方家中的侍女，生得十分清秀。蜡梅盛开时节，王直方折了一枝花并命素儿送给诗人晁无咎，晁无咎自觉无以为报，就写了五首诗作为回赠。其中“芳菲意浅姿容淡，忆得素儿如此梅”[3]的诗句，一时被传为美谈，后人便戏称蜡梅为“素儿”。

自古至今，文人骚客对于蜡梅的喜爱之情，从不吝惜笔墨，这也可从古人吟咏的诗词曲赋中窥见一斑。人们沉醉它的香气迷人，故而发出“一花香十里，更值满枝开”[4]的慨叹。关于它的奇香，民间还流传一种说法。春秋时期，鄢国的国君非常喜爱黄梅，但黄梅花艳丽却无香味，他便强令画匠让黄梅吐香，不然全部问斩。正当花匠们走投无路之际，突遇一个手握臭梅的乞丐，乞丐让花匠将臭梅与黄梅嫁接，令人意想不到的是几天之后，黄梅花竟然吐出沁人心脾的幽香，花匠们因此躲过一劫。

① 芦建国：《腊梅品种图志》，东南大学出版社，2008，第6页。
② （明）李时珍：《本草纲目》卷36，人民卫生出版社，1982，第2132页。
③ （明）解缙等著，刘凯主编《永乐大典》第1册，线装书局，2016，第413页。
④ （明）解缙等著，刘凯主编《永乐大典》第1册，线装书局，2016，第414页。

人们还称赞它的傲骨气节，“蜡梅空自芳，俗眼不称意”的品格，使得文人、才子对它愈发偏爱。据《常朝录》中记载，唐代才子元稹做翰林承旨的时候，有一天退朝走到中廊之际，此时太阳刚刚升起，照在九英梅花之上，阳光透过九英梅照到元稹脸上，使他整个人看起来生机勃勃的样子，百官看到后纷纷发出疑问，难道他满腹的文章，被太阳一照都看出来了吗，“岂肠胃文章，映日可见乎？”除此之外，人们更是爱慕它的美丽与俏皮。相传南北朝时，南朝宋武帝的女儿寿阳公主，卧于含章殿檐下，有蜡梅花瓣飘落在她额上，并在额上留了擦拭不掉的梅花印迹，宫人觉得十分俏丽，便有意模仿这个样子，并由此而创为一种新的妆样。正如南宋词人张孝祥在诗作《蜡梅》所描述的那般娇俏，“满面宫妆淡淡黄，绛纱封蜡贮幽香”[①]。

二、走进“蜡梅之乡”——北碚静观镇

静观镇，已有830多年种花的历史，是全国五大流派（京派、江浙派、广派、川派、云贵派）之一——川派中川东花卉艺术的发祥地。在静观镇，几乎家家户户房前屋后都种有蜡梅，地径甚至达20厘米，而树龄百年以上的古蜡梅也随处可见，好多家庭都是世世代代以种植蜡梅为业。又据《重庆市志》中的记载可知，20世纪20年代，静观就已出现“十里山崖

① 雷寅威、雷日钏编选《中国历代百花诗选》，广西人民出版社，2008，第858页。

蜡梅林”的美景。因此，可以推断，静观种植蜡梅的历史已有百年以上。

新中国成立后，静观镇依然保留了种植蜡梅的传统。1958年11月，静观花园成立，园内包括蜡梅在内的各种花木在西南地区小有名气，常有周边市县买家前来购买。据报道可知，在20世纪70年代，由于蜡梅干花销路好，全部用于出口，每千克价格可达到100多元，因此，形成了一段人工栽培蜡梅的高峰期。20世纪90年代之后，静观镇为了继承静观花木的历史，精心打造静观花木品牌，发展花卉特色农业，于1998年制定了“一二三”工程发展战略，即“一线、两点、三基地”[①]，把静观花木发展纳入了议程。1999年9月和2000年10月，分别召开了两次全镇性大规模的花木生产动员大会，中共北碚区委、区政府领导和区农林局领导到会指导，自此，静观掀起了种花热潮，花木发展呈现出欣欣向荣的良好势头。包括蜡梅在内的花卉产业由过去单纯种花发展为种植、营销、园林景观设计与建设、花卉产品加工为一体的综合性产业。2000年6月，北碚静观被原国家林业局、中国花卉协会授予“中国花木之乡”称号。在静观镇的带动下，周边的柳荫镇、金刀峡镇等地也都发展起了花木产业，甚至在碚金公路沿线形成“百里花木走廊”的盛景。此时静观镇

① “一线”，主要是指美化一条线，从斜石至双河口碚金公路沿线静观段两旁发展5000亩花卉，建成10千米花卉走廊。“两点”，即开发塔坪寺和王朴烈士陵园，建成金刀峡旅游热线上的旅游景点。“三基地”，是指在中华、梨树两村发展小米2000亩，建成小米基地，推出“中华糯小米”；在对山、川心两村发展蜡梅花2000亩，建成蜡梅基地，推出“静观蜡梅”；在全镇发展花木1万亩，建成花卉苗木基地，推出品牌“静观花木”。

的蜡梅不仅与河南鄢陵、湖北保康齐名，成为中国的三大蜡梅基地，还被评为中国唯一的“蜡梅之乡”。不仅如此，静观镇还成功向国家工商总局申报了“静观蜡梅”为全国地理标志商标，展示出静观的蜡梅具有其他地区不可复制的特性。

静观蜡梅作为当地传统的花木产业支柱，人们在长期的栽培过程中积累了丰富的经验，并取得了丰硕的成果。然而，进入21世纪以后，单凭农户自身的经验和传统栽培技术已经无法满足蜡梅产业转型的需要，静观蜡梅在发展中逐渐出现一系列的问题。如蜡梅品种结构不合理、利用率低、种植技术仍沿用传统的栽培方式、保鲜技术不到位、销售渠道单一、附加产品的研发薄弱等。这也导致静观蜡梅丰富的观赏特性、珍贵的文化价值、良好的经济价值没有最大限度地得到开发与利用。庆幸的是，一些关注静观蜡梅的人们也开始意识到，只有通过多方协作，才有机会让“蜡梅之香”飘向世界，只有借助科学技术，小蜡梅才能“孕育”出大产业。有鉴于此，2002年，在重庆市政府的主导下，静观镇成立了市级农业园区——重庆市生态农业科技产业示范区，该生态园区成为政府、企业和农户的桥梁。自此以后，在“政府+农户+企业+科研机构”的护航模式下，静观蜡梅“乘风破浪”开启了一段新的征程。

三、科技——让静观蜡梅飘香世界

由于静观蜡梅的发展瓶颈很大程度上集中在农户缺乏科学技术指导上，因此，为增加农户蜡梅栽培的科学知识，静观镇科协组织辖区内农村专业技术协会和部分带动性强、种花规模较大的种植示范户,前往巴南"花木世界"参观学习。另外,蜡梅品种既是蜡梅发展的基础,又是蜡梅产业得以转型的动力和源泉,只有在蜡梅品种的培育中实现突破,才能让蜡梅产业保持青春活力。因此,中国花卉协会专门在静观镇成立了蜡梅研究所,加强与学校、科研机构以及蜡梅研究者的合作,致力于蜡梅种植、品种资源调查、蜡梅产业开发等的研究,力争让蜡梅开得更艳,开得更香。

此外,2013年,由中国花卉协会梅花蜡梅分会举办的首届中国蜡梅产业发展高峰论坛在北碚举行,特邀了50多位国内蜡梅界权威专家、学者出席此次论坛,集中对中国蜡梅产业的发展现状、发展前景、蜡梅种植技术等进行深入探讨和研究,助推蜡梅产业发展。2014年,北碚区科委申报的《北碚区蜡梅种植加工与旅游观光产业化集成示范》项目,顺利通过科技部的专家评审,获得国家科技富民强县的专项资金支持,进一步提高农户种植蜡梅的积极性,推动蜡梅产业的提档升级。

静观镇是我国蜡梅栽培历史最长、生产面积最大、品种资源最多、花卉品质最好的基地之一,但当地的主流销售模式还是卖鲜花,产品的潜在价值没有被挖掘。2013年,重庆菩璞生物科技有限公司的负责人张雄发现,市场上虽然有各种以花卉为原料的香水产品,唯独不见蜡梅的身影,然而,蜡梅最大的特色就是它的香气。有鉴于此,张雄与团队在国内外相关机构的参与下,经过两年时间的科学研究,终于通过“超临界萃取”技术成功提取了蜡梅香精，这种技术能够让蜡梅香精的提取率高达2.7‰左右，即1千克蜡梅提取到2.7克左右的蜡梅香精。与此同时，该团队的研究者还采用了全新的技术，能够在完美还原蜡梅香味的基础上，延长蜡梅香气挥发的时间。

值得一提的是，在一系列蜡梅产品的开发中，蜡梅精油的提取意义重大。相比较玫瑰精油、薰衣草精油，蜡梅精油提取的技术难度更大，直到2017年，荣伟生态苗圃历经多年研究探索，才成功萃取出蜡梅精油，这也意味着以静观蜡梅为主要原料的日化产品家族中，再添一个新“成员”，并进一步弥补了市场蜡梅精油的空白。正是有了科学技术的助力，近年来，蜡梅香水、蜡梅香皂、蜡梅面霜等一系列蜡梅产品才得以面世。

蜡梅虽香，但是也怕“巷子深”。除了在栽培、育种、开发产品等方面借助科技力量外，如何依靠现代科技手段让更多的人领略到静观蜡梅的暗香浮动，也成了北碚人民积极思索的问题。2019年，中国花木之乡·静观第十七届蜡梅文化艺术节顺利举行，其充分运用现代网络与信息技术助力静观蜡梅的宣传与推广，通过举办抖音短视频大赛、微博随手拍等活动，吸引着全国各地的爱梅人士到静观赏梅。如此一来，冬日的静观，总是挤满了前来观看蜡梅的游客。漫山遍野的蜡梅常常会引得游人们诗兴大发，赏梅之余，不由赋诗一首：“新泥孤枝抱白棉，晓风拂面香满园。千盆名木迎豪客，万株蜡梅笑红颜。静观无观观静观，对山有山山对山。骚人弄纸舞乾坤，翰墨滴翠飘后院。”[①]除了咏梅、品梅、采梅之外，来到蜡梅文化节游玩的民众，还能品尝生态鱼、井水豆花等美食，体验杀年猪、熏腊肉的农家生活，可谓不亦乐乎。

近年来兴起的电子商务，也使得静观蜡梅声名远扬。据了解，北碚蜡梅深加工企业菩璞生物科技有限公司先后在淘宝、苏宁易购等电商平台上开设了40多家店铺，网络技术的力量，使得静观的蜡梅迅速为世人所知，乃至于一些使用过静观蜡梅产品的用户，不远千里，奔赴重庆“寻根溯源”。曾经“养在农谷无人识”的静观蜡梅，在现代科技的助推之下，终于走出乡村，走向都市，走向世界。有人曾感慨道：

只要面对蜡梅
静观，就不再是一个地名
而是一种态度，一种行为方式
素心，也不再是一个村庄
而是一种品质一种心情……[②]

甚至于中国梅花界的泰斗陈俊愉院士，在面对静观蜡梅之时，也会不由发出“万物静观皆自得，重庆蜡梅惊世界”的赞叹！

① 周鹏程：《静观蜡梅园二题（七律）》，《北碚报》2019年2月12日，第A4版。
② 郑劲松：《静观蜡梅》，《北碚报》2019年1月8日，第A4版。

重庆自然博物馆里的科技奥秘

“身长8米的恐怖猎手永川龙刚刚结束了一场战斗，傲视群雄；体长19米的海洋霸主沧龙张开血盆大口横冲直撞，寻找合适的机会对猎物下手……”[①]你以为这些精彩的场景只是出现在电影或电视节目中吗？其实，在重庆自然博物馆的特展厅中也能看到。远不止如此，你甚至可以骑着动感单车，戴上VR头盔，体验追赶暴龙的激情与速度，或者用自己的臂力与暴龙的咬合力一比高下。那么，重庆自然博物馆是如何做到以恐龙化石标本为起点，还原千姿百态的恐龙世界？复活一只恐龙又需要几步呢？为了破解这一系列隐藏在重庆自然博物馆里的科技奥秘，让我们先来了解一下这座博物馆的历史沿革吧。

一、重庆自然博物馆迁建北碚

重庆自然博物馆，前身为1930年卢作孚先生创办的“中国西部科学院”及1943年由十余家全国性学术机构联合组建的“中国西部博物馆”。新中国成立之后，这两个机构合并成立了西南人民科学馆。1953年，又并到了西南博物院，

① 秦廷富：《世界恐龙艺术大展全球巡展重庆站开幕》，《北碚报》2015年12月29日，第4版。

更名为西南博物馆，馆本部迁移至市中区的枇杷山。之后，西南博物馆又更名为重庆市博物馆，该馆属于自然的部分有两大部分，一个是自然部，主体在枇杷山，另一个是自然陈列馆，位于北碚文星湾。1981年，四川省人民政府决定在重庆市博物馆的基础上增挂四川省重庆自然博物馆的牌子，至1991年，四川省重庆自然博物馆恢复了过去的独立建制。

随着建制的恢复，新馆建设便提上了日程，然而，因为各方对于新馆的选址意见不统一，故而建设重庆自然博物馆的项目从1991年一直到2004年都没有确定下来。之所以最后选址北碚，主要是受到了以下因素的影响：

其一，是一种历史的回归，正如前文所述，重庆自然博物馆的发端与北碚有着不解的渊源，如果将其新馆定在北碚，从历史文化传承的角度而言，无疑是最好的选择。

其二，与当时北碚区的领导的大力支持密切相关。据重庆自然博物馆馆长欧阳辉介绍，“从我们老馆长开始到我任馆长，压根就没想过在北碚选址。为什么呢？因为人流集中和交通便利是博物馆选址的基本要求，当时的北碚并不符合这样的条件”。然而，当时的北碚区委书记黄波，在了解到这一情况之后，首先，邀请博物馆诸位领导前往北碚，给他们详细介绍了北碚区所拥有的独特优势，以及近年北碚工业、农业、教育、文化、旅游等方面的生态建设构想等。其次，又承诺倘若重庆自然博物馆愿意由枇杷山迁往北碚，北碚地区将给予全力的支持。然后，黄波书记等还邀请博物馆全体职工到北碚考察。最后，经过反复接触、沟通，重庆市文化局、重庆市自然博物馆和北碚区政府形成一致意见——新馆定在北碚。

二、重庆自然博物馆里的科技奥秘

2015年11月9日，坐落于缙云山脚下的重庆自然博物馆的新馆首次开放。[①]远远望去，重庆自然博物馆的独特建筑造型十分引人注目，犹如一棵黄葛树的根盘绕于顽石的夹缝间，深深扎根于巴渝的沃土之中。其实，“根包石”的设计不仅仅是出于美观的需要，还有着深刻的寓意，一方面突出自然界旺盛的生命力，另一方面也反映了重庆人民坚韧不拔、生生不息的生活态度，更展现了根与大地、人与自然的和谐之美。

进入博物馆，首先映入眼帘的是明亮却不刺眼的中央大厅。继续前行，随即进入贝林厅，在这里，你可以欣赏各大洲的自然风光辽阔壮美、生机勃发，观看各种动物标本千姿百态、栩栩如生，感受生物之间的依存关系描摹生动、耐人寻味。在光影交错之间，动物和谐，环境和谐，自然和谐，连我们的内心也逐渐变得平和起来。来到恐龙厅后，种类繁多、形态千奇百怪的恐龙映入眼帘，作为中生代地球的主宰，恐龙为了生息繁衍，它们曾不断改变着自身，同时也改

① 新馆占地面积216亩，建筑面积30842平方米，展示面积16252平方米。馆内设有地球厅、进化厅、恐龙厅、贝林厅、环境厅、重庆厅等6个基本陈列厅。以中生代古脊椎动物化石、西部地区珍稀动植物标本，以及种类丰富的矿物晶体标本最具特色，形成了较为完整的藏品体系。

变着地球的生态，谱写了一段生物演化的宏大诗篇。在自然博物馆的重庆厅内，你可以通过重庆本地动植物化石的展示，探究重庆特色的山水、生物与生态。走到地球厅，你会诧异地发现，在这个奇趣变幻的科学世界里，地球是如此美丽、神秘、威严，值得我们去保护、探究、敬畏……你有没有思考过，为什么我们每到一个展厅，就能够很快融入展厅的主题中呢？其实，除了栩栩如生的标本之外，很大程度上也有“光”的功劳。

重庆自然博物馆新馆在建设过程中运用了许多先进的科学技术。其中，灯光照明设计尤其考究。在公共区域，基础照明主要以自然采光为主，人工照明为辅，并充分考虑到重庆地区气候的原因，在顶部天窗的中空玻璃室内面张贴太阳膜，弱化夏日较强的太阳光直射。所以，无论冬天还是夏天，晴天或者雨天，我们进入博物馆后，光线都会使人感觉十分舒适。至于展厅内部的灯光也大有讲究，一般而言，重庆自然博物馆的灯光设计，首先要考虑各类标本不受光学辐射的损害，可如果展品照度太低又会影响观众的视觉感受。为了解决这个两难的问题，重庆自然博物馆从科学和观赏两个方面来进行综合考虑，力求最大限度保护展品的同时，又能为观众提供一个舒适的参观氛围，最终采用现代新技术如模拟自然环境，光影制造，将多种人工照明方式融入灯光设计中等，营造出一个富有生命力、感觉逼真的光环境。所以，当我们在观看曾经称霸地球一时的霸主恐龙退出历史舞台之时，随着灯光的逐渐暗淡，内心也会不由得生出一丝凄凉之感来。

作为国家一级博物馆，重庆自然博物馆能够吸引民众络绎不绝前来“打卡”的秘诀，绝不仅仅是依靠外部独特建筑与室内辉煌的设计，更多的是取决于博物馆自身的“硬实力”，比如其本身拥有的藏品数量、质量，对所收藏的动植物和古生物化石标本进行复原的水平以及陈列的方式等。重庆自然博物馆积淀了丰富的馆藏，其主要类别包括古生物、古人类、恐龙、哺乳类、鸟类、两栖爬行类、鱼类、昆虫、无脊椎动物、植物、岩矿类等。据统计，其展品有植物标本28260件、脊椎动物浸制标本8000余件、鸟兽类标本7600余件、无脊椎动物类40000余件、古生物标本和地学类标本7646件，共计约94880件。这些丰富而珍贵的馆藏背后，也拥有着数不清的动人故事。比如，其中有283件珍稀野生动物标本以及28件非洲原始部落马赛人用品，则是由肯尼斯·贝林先生捐赠，为感谢贝林先生对自然科学事业做出的贡献，重庆自然博物馆特将其中一个展厅特别命名为贝林厅。

至于重庆自然博物馆高超的复原水平，可以从它对镇馆之宝“上游永川龙”的复原中得到印证。“上游永川龙”既是中国20世纪80年代发现的最为完整的肉食龙化石，也是迄今中国最著名的肉食性恐龙化石之一。在发现之初，由于恐龙化石的暴露面已经遭到了破坏，再加上受到当时复原技术的限制，多年来“上游永川龙”一直以埋藏的状态进行保存。在重庆自然博物馆新馆建设之际，为了能在布展中达到更好的表现效果，给予观众更真实的恐龙形态，该馆决定对此恐龙化石进行复原装架。[①]

“上游永川龙”的骨骼复原工作主要包括六个步骤：一是对“上游永川龙”骨骼化石进行清洗与修理；二是参考已有研究资料对其骨骼形态进行鉴定，并与其他肉食性恐龙进行比较；三是使用硅橡胶对化石出露面进行软膜制膜，软膜外固以硬膜；四是进行翻模；五是参考化石保存面对另一面进行对称复原，并在科学理论指导和专家组整改意见下对复原骨骼模型进行细节处理和精细修整；六是对复原后的模型进行制模保存。其中的每一个步骤都离不开严密的科学技术指导，也正是如此，今日我们才能在自然博物馆中看到昂首站立的“上游永川龙”。

除此之外，通过观察近年来重庆自然博物馆陆续开展的一系列大型主题展览，也可以感受到重庆自然博物馆为推进科学研究成果的转化所做的努力。作为国内较早研究并公开展示大熊猫的机构，重庆自然博物馆拥有较为丰富的大熊猫化石和大熊猫标本。当然，对于民众而言，大熊猫以憨厚可掬的外形赢得了大家的喜爱，民众对于它们也充满了好奇，比如在漫长的演化历程中，大熊猫家族究竟发生了哪些变化，它们是如何适应变化的环境而延续至今的？它们都有哪些生活习性？人们应该做些什么才能保护它们？

① 鉴于“上游永川龙”化石十分珍贵，复原采取的是模型复原，即先将保存的化石进行翻模，再对模型进行复原和精修。

为了呼吁大家关注并保护大熊猫，重庆自然博物馆将科学研究成果与大熊猫知识的科普教育相结合，推出“熊猫时代——揭秘大熊猫的前世今生”大型原创主题展览。在展览中，重庆自然博物馆借助于丰富的标本和完备的科学知识体系，选择以“熊猫大事件”“揭秘大熊猫”“大熊猫演化”和“保护大熊猫”为线索，通过追踪大熊猫的演化轨迹，复原大熊猫的宗族家谱，讲述了大熊猫与人类同行800万年的科学故事。值得一提的是，重庆自然博物馆在展陈方式上进行了大胆的创新，逐渐从传统单一静态展示发展到多元化的动态展示。它不仅在展览中开创性地完成了熊猫化石的数字化复原工作，而且还借助3D打印技术，配套生境模拟、多媒体三维影像、装置艺术等多种形式，为民众带来形象立体的观展体验的同时，也宣传了自然科学和大熊猫进化演变知识，让观众感受到科学的乐趣，可谓是真正做到了让博物馆“活”起来。

重庆自然博物馆的科技之光，不仅仅“照耀”在自然标本上，更重要的是要传播于民众、惠及民众，尤其是吸引青少年对科学的兴趣与关注。重庆自然博物馆常常会通过开展体验式、研究式的学习活动吸引青少年的关注，有时候也会邀请一线科学家开设科学讲坛为公众科普，传播科学新知、科学精神和科学文化。比如2019年就举办了“咏霓科学讲坛：院士面对面”活动，邀请中国科学院院士王成善、周忠和开展科普演讲，吸引更多的青少年来关注科学、探究科学，这也是重庆自然博物馆在科学转化方面的一次大胆尝试和创新。

重庆自然博物馆中科技手段的使用并非越多越好。重庆自然博物馆始终保持谨慎、科学的态度，根据实际需要有选择地运用现代科学技术，不至于使其“喧宾夺主”，冲淡观众对展品的欣赏。以展览厅中安置的触摸查询屏为例，触摸查询屏采用一体机实现触摸，灵活便捷为观众提供浏览图片、查阅资料、播放音频等功能，在满足观众选择性学习的同时，不会造成对陈列以实物标本为主的大效果的干扰，实现了展览环境的和谐统一。

2020年，重庆自然博物馆迎来了自己的90岁生日。虽已进入“耄耋之年”，但是重庆自然博物馆却丝毫未见老态，相反，每日前往参观“打卡”的人仍旧源源不断。作为一座历久弥新的博物馆，在漫漫的历史长河中，之所以能够保持蓬勃的生机与旺盛的活力，其秘诀就在于科学技术的“滋养”。正是得益于科学技术的协助，重庆自然博物馆内保存的千万年前地球上的动植物化石才能够神奇“复活”，并与人们展开跨越历史的生命对话，激励着人们进一步探索自然科学的奥秘！

京东方落户北碚

设想一下，手机可以戴在手腕上，即使弯折10万次，依然软得像块丝巾，一打开后就是个平板电脑，再打开或许是个电视；下班回到家，智能云冰箱会告诉你吃什么样的食物最健康，你的城市天气如何，同时还能提醒你日常的重要事项；在医院里，医生戴上3D眼镜，借助超高清显示技术，准确找到病灶，手术成功率提高50%；又或者只需要通过一个手指大小的多体征血液检测仪，不用抽血就能完成检测项目，并为人们提供健康建议和治疗方案……这将是一种怎样的奇妙体验？幸运的是，这样智慧、方便的生活离我们并不遥远，京东方科技集团股份有限公司（BOE）的自主创新能力正一步步将我们的梦想变为触手可及的现实。

一、从“填补空白”到“领先世界”

京东方，其前身是创建于1953年的北京电子管厂。1993年股份制改革，正式成立京东方科技集团股份有限公司，是一家为信息交互和人类健康提供智慧端口产品和专业服务的物联网公司。2003年，京东方打破国外显示技术封锁，投建中国首条依靠自主技术建设的显示器生产线，填补了中国液晶显示产业的空白，结束了中国“无自主液晶显示屏”的时代。然而，此时的京东方创新技术在国际上仍属于默默无闻的状态，当年新增专利仅有75件，因此，当京东方邀请外国合资建厂时，甚至被对方以“京东方缺乏技术”为由拒绝。

值得庆幸的是，历经20多年的创新“长征路”，今日的京东方终于站在了国际的前沿。据统计，2019年，京东方新增专利申请量9657件，其中发明专利超90%，累计可使用专利超7万件，覆盖美国、欧洲、日本、韩国等国家和地区。美国商业专利数据显示，2019年，京东方美国专利授权量全球排名第13位，专利授权量达2177件；2019年，京东方半导体技术发明专利全球排名前3位，中国企业人工智能专利全国排名第6位，连续十年在世界知识产权组织专利排名中位列全球前10位。除此之外，京东方还被《麻省理工科技评论》评为年度全球“50家聪明公司”，更为重要的是，京东方甚至进入了福布斯全球数字经济100强等。这也意味着在半导体核心元器件工业中，中国第一次出现了能够影响世界格局的企业。

二、重庆与京东方的“不解之缘”

京东方的服务体系覆盖欧、美、亚、非等全球主要地区，子公司遍布全世界，在国内也拥有多个制造基地。其中，自2013年至今已在重庆北碚成立4个基地，2013年，第8.5代液晶显示面板生产线项目在两江新区水土高新技术产业园开建。2015年，显示照明系统生产线项目量产，致力于液晶显示器用背光源及其关键零部件的研发设计、制造及销售，产品广泛应用于移动显示、IT与电视等领域。2016年，智慧电子智能制造系统生产线项目开建，致力于成为全球最具竞争力的低功耗物联网智能终端基地。2018年，第6代柔性显示面板生产线正式开工，产品主要用于手机、车载电子及可折叠笔记本电脑。据了解，4个项目的总投资已经超过800亿元，至此，重庆成为京东方在西部地区投资金额最大的城市。那么，拥有良好发展前景的京东方为何在短短几年时间内在重庆北碚连续布局4个项目？是什么吸引了它？

据京东方科技集团董事长陈炎顺回忆说，重庆与京东方的合作可谓是一拍即合，（吃）一碗担担面的时间，就把主要的条款拍定了。从发展的角度而言，双方对于合作的事宜之所以如此顺利，主要缘于以下几方面的因素：

一是重庆的经济充满“活力”。近年来，重庆落实中央“调结构、稳增长”的战略要求，积极调整产业结构。大力发展战略性新兴产业，尤其是以网络终端产品为代表的电子信息产业。与此同时，重庆也不断提高开放型经济水平，在国家政策的支持下，充分依托两江新区开发开放平台，积极推进内陆开放高地建设。正是得益于产业结构的战略性调整及对外开放水平提高，使得新时期重庆的经济充满活力，后劲十足，发展潜力巨大，这也是京东方为何对重庆北碚“青睐”的重要因素。

二是市场与技术的结合。长期以来，中国的电子产业在发展中都面临着“缺芯少屏”的困局，即使是已经成为智能终端产业的重镇基地的重庆也不例外。重庆聚集了富士康、惠普、宏碁、华硕等众多企业，因此，面临着巨大的面板需求，近年来，重庆一直在积极寻觅领军型的显示屏企业落户。京东方是我国唯一拥有液晶面板自主知识产权，能够生产全系列平板显示产品的企业，公司在发展过程中也正有挺进西南地区的打算，市场与技术的契合使得双方的合作顺理成章。

三是降低企业成本。对于厂商和企业而言，显示屏的本地化生产相比从外地运入自然能够节约一大笔物流费用，降低生产成本。

四是双方发展理念的高度契合。为深入贯彻落实习近平总书记对重庆的重要指示精神，重庆积极推进数字产业化、产业数字化，大力发展智能制造，加快建设智慧城市，为经济赋能、为生活添彩。而京东方是全球领先的半导体显示技术、产品和服务提供商，其核心事业包括端口器件、智慧物联和智慧医工三大领域，与重庆发展战略高度契合等。

五是得益于重庆两江新区水土高新技术产业园区的主动作为。作为国家发展战略的重要布局，水土高新技术产业园区自建立以来，致力于招商引资，引进高新技术企业，为了引进京东方这样具有广阔前景的企业，该园区甚至同全国32个城市的开发区展开竞争，分别战胜北京、上海等大城市,可见,京东方最终落户水土与该园区的主动作为密切相关。

三、京东方:北碚奇迹的见证者

事实上,2013年,当京东方第8.5代新型半导体显示器件及系统项目(以下简称京东方重庆8.5代线)落户北碚的消息传出之初,并不被时人看好,甚至有媒体发出"烧钱"的负面评论。除了对当时的京东方才扭转上一季度亏损,进入盈利状态的担忧外,更多的是对偏居一隅的"小城"——北碚的信心不足。面对外部的质疑之音,京东方和重庆北碚并未气馁,坚持以实际行动予以回应。

首先,京东方重庆8.5代线项目落地北碚的第一大难题,就是资金的短缺。300多个亿的项目,光注册资金就已高达197亿,无论是对企业或是对当地政府来说,都是一笔庞大的经济负担。几经协商后,政府决定充分利用重庆地方企业和民众的支持,通过股权投资的方式解决了资金短缺的问题,京东方落地北碚的案例也成为借助金融资本推动产业发展的典型。

其次,京东方重庆8.5代线项目建设难度颇大。其原始地貌高差达60米,设计高差也有28米,这样的地貌在京东方此前布局中从来没有遇到过。按照国外的经验,工厂从开建到落成预计最少耗时25个月左右。再加上重庆潮湿多雨,施工期间持续降雨天气占据三分之一,让整个项目的建设难度继续升级。不仅如此，伴随着如此大规模的项目建设，对水、电、气等基础"硬"设施和交通、生活等"软"设施的要求也是对重庆北碚的极大考验。面对这些困难与挑战，重庆并未退缩，一方面，邀请全国知名的地质专家前来为建设出谋划策，另一方面，上至各级政府部门，下到产业园区皆予以全力支持，做好后勤保障工作。正是得益于重庆市政府、两江新区和水土高新技术产业园区的合作与协调，从最初土地的"九通一平"，到后期水、电、气的保障供应，整个项目才能顺利推进。即使在项目施工阶段，每天进出的运输车辆和特种车辆达500余次，高峰时期进出的施工人员达7000余人，后勤保障仍能够井然有序。值得一提的还有项目的基层建设者，他们心怀责任感与使命感，为了使项目早日投产，每日争分夺秒地工作。最终，该项目从打桩到产品点亮仅用时16.5个月，建设速度成为京东方历年项目之最，并创造了全球业内最快速度，成就了行业奇迹。当重庆京东方项目逐步进入运营阶段时，对产业工人的需求愈加旺盛。针对企业提出的人力需求，重庆各方又深入区县与周边省份，招聘1200余人，为项目的顺利运营提供了充分的人才保障。正是在重庆人这种迎难而上的精神激励下，京东方落户北碚过程中的难题被逐个击破。

京东方刚刚落户北碚，一系列的链式反应随即展开，如涉及显示光电上、下游的17家企业迅速入驻京东方的配套产业区，一个千亿级高端显示面板产业集群就此形成。实际上，京东方带给重庆的"惊喜"远远不止这些。作为我国液晶显示行业的“领头羊”，京东方连续多年保持了液晶显示行业专利申请量全球第一的纪录。它的到来，不仅填补了重庆液晶面板产业发展的空白，其强大的自我创新能力也带动重庆显示行业创新能力提高，推动重庆电子信息产业由制造为主向研发制造一体化转变，并为其他战略性新兴产业如汽车电子、智能家电、笔记本电脑、智能手机等产业发展提供了有益的借鉴。

在落户北碚的第二年，重庆京东方再一次引起了世人的瞩目。2016年初，习近平总书记赴渝考察，位于重庆两江新区水土高新技术产业园的京东方，成为总书记考察与调研的第二站。在这里，总书记观看了产品展示，听取企业生产经营和产品世代分类介绍，了解了企业文化和8.5代液晶面板生产工艺流程，并对产品生产线进行视察。创新作为企业发展和市场制胜的关键，核心技术不是别人赐予的，不能只是跟着别人走，而必须自强奋发、敢于突破。

京东方在落户北碚的几年中，始终牢记总书记的殷殷嘱托，坚持以“创新驱动发展”，并交出了一份漂亮的成绩单。在其开发的多项产品中，32英寸、40英寸曲面产品均为全球首发产品，作为全球首条实现切割手机面板的8.5代液晶面板生产线，首款手机显示屏产品已实现量产化等。[1]据重庆京东方的负责人介绍，接下来，他们将更加注重技术集成平台的建设，建立半导体显示新技术集成应用实验平台，同时

① 申晓佳：《京东方：创新引领技术发展》，《重庆日报》2017年5月8日，第3版。

加快新产品推出速度,促使相关技术成果产品化和产业化,将科研成果真正推向市场,实现经济和社会效益的“双赢”。

追寻京东方落户北碚的发展史,我们看到了在自强、奋斗、创新精神的指导下,京东方与重庆北碚的相互成就。可以说,京东方是重庆北碚奇迹的见证者,而重庆北碚则助力了京东方的腾飞!

奋进中的中国科学院
重庆绿色智能技术研究院

在科幻太空电影中，我们经常会看到这样的场景：空间站突发故障亟须维修，英勇的宇航员挺身而出，从随身携带的工具箱中找出合适的零部件，然后快速地将其修好，从而避免了一场灾难。然而，在现实生活中，当空间站出现故障需要维修时，所用的零部件大多要从地面采购，而宇宙空间站等待一次地球补给的时间至少要半年。庆幸的是，在重庆，有这么一所研究院，它凭借科技的力量，让科幻电影有了走进现实的可能，它就是——中国科学院重庆绿色智能技术研究院。

中国科学院重庆绿色智能技术研究院（以下简称“重庆研究院”）是中国科学院、国务院三峡办、重庆市人民政府三方共建的中国科学院直属科研机构。2011年3月开始筹建，2012年7月正式获得中央机构编制委员会办公室批复，2014年10月通过三方验收，正式成立。重庆研究院下设电子信息技术研究所、智能制造技术研究所、三峡生态环境研究所、生物医药与健康研究所（筹），这也意味着重庆终于结束了长期没有中科院直属研究机构的历史。2015年，重庆研究院被认定为科技部第六批国家技术转移示范机构。2018年，中国科学院与重庆市人民政府以重庆研究院为载体，签署了共建新型科教创产融合发展联合体战略合作协议，并成立了中国科学院大学重庆学院。截至2021年底，重庆研究院共有职工400余人，在3D打印技术、绿色三峡、石墨烯材料与应用等项目上实现多个突破。至于开篇中所提到太空科幻电影中的场景，之所以有实现的可能，就与重庆研究院致力研究的3D打印技术息息相关。

一、3D打印——引领太空制造新潮流

关于3D打印，我们或许已有部分了解，其主要是指“使用3D模型软件在电脑上设计一个零件，然后立即将它打印出来。没有制造模具的过程，没有高压注入的过程，打印过程既迅速又廉价”[①]。3D打印技术自问世以来，就带来了巨大的社会效益和经济效益。人们不仅开始思考，如果能将3D打印技术运用在航天航空领域中，也就意味着宇航员能够在失重的环境下自制所需的实验和维修工具及零部件。这样一来，不但能减轻宇航员携带所需物资、替换零件和各种工具的负担，还能大幅度提高空间站实验的灵活性和维修的及时性，降低运营的成本，其中蕴含的价值更是不可估量。故而近年来太空3D技术一直是全世界科学家和科研机构关注的重点，但要想在太空中使用3D打印机，就要面临比普通3D打印技术更多的挑战。

① [美]马歇尔·布莱恩:《工程学之书》，高爽、李淳译，重庆大学出版社，2017，第184页。

2016年，重庆研究院和中科院空间应用工程技术中心经过两年的努力，共同研制成功了国内首台空间3D打印机，并完成了抛物线失重飞行试验，不仅可在微重力环境下顺利完成3D打印任务，而且单次可打印的最大零部件尺寸达到200 mm×130 mm，是美国国家航空航天局首台在轨3D打印机打印尺寸的2倍以上。据重庆研究院相关负责人介绍，3D打印机的出现标志着我国在此领域有了突破性的成果，并且为之后我国空间站的建设、后期运营维护乃至中国开展星球的探索提供新的动力和希望，更有甚者，随着科学技术的不断发展，人类未来很有可能会使用3D打印机在月球或者火星上，用上面的土壤打印人类生活的基地呢！

二、“黑科技”飞入寻常百姓家——人脸识别技术

人脸识别技术的研究最早起源于20世纪60年代，到90年代进入了初级应用阶段。20世纪以来，随着人工智能、计算机等技术的发展，人脸识别技术在世界各地都出现了爆发式的增长。2015年，重庆研究院已经拥有国内首创的超大规模跨场景结构化数据采集阵列，能够在光线多变、背景复杂、不同表情和特征等情况下采集人脸数据。2016年，人脸识别系统在重庆银行正式上线，人们可以通过“刷脸”来实现取款、转账等服务。重庆研究院先进的人脸识别技术还曾荣获被业界公认为人脸识别“世界杯”的微软百万名人识别竞赛亚军。

重庆研究院的人脸识别技术运用领域除了金融机构外，也逐渐融入民航安检系统方面，仅1秒时间就能判断是否为本人，现场实测识别率超过99%。与此同时，在甄别旅客冒用证件方面人脸技术也屡立奇功。据了解，厦门高崎国际机场启用重庆研究所的智能识别技术后，6天内连续查获9宗企图持用他人证件乘机的事件，重庆江北国际机场安装该系统后，一年内查获冒用他人证件乘机233人。截至2018年6月底，该系统已累计应用于国内65个机场的585条旅客安检通道，在全国吞吐量3000万人次以上的机场覆盖率为80%。

面对已取得的种种荣誉，重庆研究院并未沾沾自喜，而是选择继续奋斗。2019年，重庆研究院最新研究成果“人工辅助验证智慧安保系统”在呼和浩特白塔机场全面上线。这也是全国首个只需要出示一次证件即可全程“刷脸”通关的安检系统。有了它，我们在乘飞机过安检时，再也不用苦苦等待各流程的身份复核、信息复核，只需在安检验证时出示一次证件就可全程“刷脸”安检通关，如此一来，今后民众出行的便捷度与舒适度将大幅度提高。

三、石墨烯——开启碳时代

石墨烯是什么？其发现者曾将石墨烯比作“爱丽丝仙境”，这里充满了神奇。其实，简单来说，石墨烯就是从石墨材料中剥离出来，由碳原子组成的只有一层原子厚度的二维晶体。我们熟知的铅笔芯用的石墨就相当于无数层石墨烯叠在一起。作为迄今为止自然界最薄、强度最高的材料,可以被无限拉伸,弯曲到很大角度也不会断裂,并且可以抵挡超高的压力,因此,又被称为“黑金”“新材料之王”。正是因为石墨烯在智能手机、锂离子电池、太阳能光伏等电子信息行业多个重要领域具有广阔的应用前景,因此吸引了许多科研人才立志为其终生奋斗,任职于重庆研究院的史浩飞即其中之一。

2011年3月,正在美国密歇根大学从事博士后研究的史浩飞得知重庆研究院成立的消息后,抱着创业的激情以及对石墨烯材料研究的热爱,提前结束博士后研究工作回到重庆。但回国不久史浩飞就遇到了“如何才能得到石墨烯材料”的难题,毕竟当时国内石墨烯材料制备技术的研究还处于起步阶段,经过再三思索,史浩飞决定带领团队自己做,队员们几乎把实验室当成家,整天泡在实验室里做研究。功夫不负有心人,只花了半年左右的时间,他们的团队即成功研制出了我国首片15英寸单层石墨烯,当然,这一尺寸也达到了国内最高水平。在此基础上,史浩飞带领其团队继续开展关键技术攻关,2013年,建设了国内外首条年产100万平方米的大面积单层石墨烯薄膜生产线;2015年,承担了首个石墨烯材料领域的国家“863计划”项目;2016年,大面积单层石墨烯生长方法的成果获得重庆市技术发明一等奖;2019年,第二代单层石墨烯薄膜生产线通过工信部验收,推动了石墨烯材料在光电子领域的应用;2022年4月,他和团队发现在多晶衬底上可以外延高质量单晶石墨烯薄膜，直接突破了70年来人们对单晶材料外延的认识。这一重要发现，不仅降低了高质量单晶石墨烯的制造成本，也对石墨烯的应用起到非常重要的作用。

不同于传统的科研院，重庆研究院自成立之初就致力于成为一个开放的科研平台。重庆既是我国西部地区唯一的直辖市，是西部大开发的重要战略支点，又处在“一带一路”和长江经济带的连接点上，在国家区域发展和对外开放格局中具有独特而重要的作用。基于新时期赋予重庆的重大使命，重庆研究院无论是在理念上还是在行动上都需要坚持开放发展。一方面，加强与高校、研究机构的交流，如与西南大学签订战略合作协议，在硕士、博士研究生联合培养、科研仪器设备和科技文献资源共享、成果转化及科技攻关等领域开展广泛深入合作。另一方面，注重推动科技成果在重庆落地和新兴产业园区建设。自重庆研究院与北碚政府签订战略合作协议以来，针对企业遇到的技术难题，提供了优质高效的技术服务。一年之内，重庆研究院就承担北碚区级科技项目8个，申报发明专利202件，实用新型专利54件，商标2件，助推了我区新兴产业的发展。与此同时，重庆研究院还与两江新区、高新区、大足区等联合打造智能装备、石墨烯、环保产业集群，加速助推重庆经济社会发展。

征途漫漫，初心不变。自落户水土高新技术产业园以来，重庆研究院通过探索创新科技和成果转化模式，在打造科研创新平台、推进科研项目发展、开展科技交流合作、推动科技成果转化等方面取得了重大成就。在新的征程中,奋进中的中国科学院绿色智能技术研究院将继续以精益求精的“工匠精神”致力于科技研究与交流,力争让重庆乃至中国的优秀科研成果走向世界。

中国西部(重庆)科学城的北碚蓝图

这是一座面向未来科技、未来生活的未来之城,这是一座追逐梦想、成就梦想的梦想之城,这里是科学家的家、创业者的城……2020年9月11日,中国西部(重庆)科学城[以下简称西部(重庆)科学城]建设动员大会在万众瞩目中拉开了序幕。伴随西部(重庆)科学城的“扬帆起航”,科学城的建设更是吸引了社会各界的广泛关注和期待,并引发了各界的猜想:西部(重庆)科学城为何而来? 如何建设? 它是否会成为中国的新“硅谷”? 请随我们一起,揭开西部(重庆)科学城的面纱。

一、西部(重庆)科学城为何而来?

科学城,是专门设置前沿基础科学研究和高等教育机构的一种特殊区域。自20世纪50年代,世界上第一个科学城——苏联新希伯利亚科学城问世,科学城已经走过了70年的历史。近年来,全球新一轮科技革命、产业变革和军事变革加速演进,科学探索从微观到宏观层面不断拓展,科学技术革命也引发国际产业分工的重大调整。颠覆性技术的不断涌现,对于重塑世界竞争格局、改变国家间力量对比产生重大影响。正因如此,创新驱动成为许多国家谋求竞争优势的核心战略，以期通过科技创新寻找新的突破口。当然，科学城作为集中布局科研装置，开展科学研究，集聚科学创新活动的空间载体，得到越来越广泛的关注。

比如，经过改革开放40多年的不懈努力，中国已跃居为世界第二大经济体。在科研方面，我国的科研体系日益完备，人才队伍不断壮大，科学、技术、工程、产业的自主创新能力快速提升，并在科技创新领域取得了举世瞩目的成就，长征火箭“三代同堂”齐登场、量子通信京沪干线开通、天河二号超级计算机蝉联“六连冠”、神舟十一号飞船乘载两名航天员与天宫二号胜利完成对接……但不能忽视的是，我国在科技领域仍存在短板，如科技创新与经济发展的矛盾依然存在，科技发展尤其是基础研究，仍未完全实现由“量的增长”到“质的提升”，许多产业仍处于全球价值链的中低端，一些关键核心技术受制于人，企业创新动力不足，创新体系整体效能不高等。为此，党的十八大提出“创新驱动发展战略”，并从战略层面部署了北京怀柔综合性国家科技中心、上海张江综合性国家科学中心、合肥综合性国家科学中心、深圳综合性国家科学中心四大综合性国家科学中心，力图使我国的创新能力从“跟跑者”向“并行者”，乃至部分领域向“领跑者”迈进。毫无疑问，这四大综合性国家科技中心代表了中国科技的最高水平。

然而，从地域上来看，这些综合性国家科技中心集中在东部和中部地区，而在经济和政治占据重要地位的整个西部地区仍处于空白状态。这不仅使全国创新版图处于失衡状态，也不利于国家的创新建设。有鉴于此，在长三角、粤港澳、京津冀之外，布局一个在全国具有影响力的西部科学城，既是提升西部地区基础创新策源能力，为西部地区经济增长转向创新驱动提供有力支撑的现实需要，也是顺应全球科技革命和城市化浪潮的国家战略选择，从这个角度来看，西部科学城肩负的使命不可谓不大。

此外，西部（重庆）科学城的提出也是推动成渝地区双城经济圈建设的重要任务。2020年1月3日，中央财经委员会第六次会议指出："推动成渝地区双城经济圈建设，有利于在西部形成高质量发展的重要增长极，打造内陆开放战略高地，对于推动高质量发展具有重要意义。"①从"成渝经济区"到"成渝城市群"，再到"成渝地区双城经济圈"，区域发展概念的不断变化，一方面，意味着党中央对新时代区域协调发展做出了重大决策与调整；另一方面，成渝地区双城经济圈"两中心两地"②的战略定位，足以表明党中央对其重视程度的不断升级。那么，如何在国家总体战略布局中找定位、明方位，进而把握好西部（重庆）科学城与科技创新中心的关系，唱好"双城记"，建设"经济圈"，成为新时代成渝地区共同面临的一个重大机遇与挑战。

---

①《习近平主持召开中央财经委员会第六次会议强调 抓好黄河流域生态保护和高质量发展 大力推动成渝地区双城经济圈建设》，《人民日报》2020年1月4日，第01版。

② 两中心两地主要是指"重要经济中心""科技创新中心""改革开放新高地"及"高品质生活宜居地"。

成渝地区双城经济圈建设是一项系统工程，因此，要加强顶层设计和统筹协调，突出中心城市带动作用，强化要素市场优化配置，牢固树立一体化发展理念，做到统一谋划、一体部署、互相协作、共同实施。为推动成渝地区双城经济圈建设，加快建设具有全国影响力的科技创新中心，集聚科技创新资源要素，推进核心技术攻关和成果转化等，重庆市科技局与四川省科技厅签署了《进一步深化川渝科技创新合作 增强协同创新发展能力 共建具有全国影响力的科技创新中心框架协议》（以下简称《协议》），该《协议》提出，将以“一城多园”模式合作共建西部（重庆）科学城，其中“一城”即指西部（重庆）科学城，“多园”指两地的国家高新区、国家级和省级新区等创新资源集聚载体。

就西部（重庆）科学城而言，自2020年4月以来，围绕西部（重庆）科学城的热度就不断升温，4月13日，重庆市原市委书记陈敏尔在推动成渝地区双城经济圈建设领导小组会议上强调，要“举全市之力、集全市之智，高起点高标准规划建设中国西部（重庆）科学城，不断增强协同创新发展能力，加快打造具有全国影响力的科技创新中心”[①]。自此之后，重庆科学城拥有了个响亮的名字——中国西部（重庆）科学城。关于如何定义西部（重庆）科学城，重庆市原市长唐良智曾说，它是“‘科学’与‘城市’的融合体，是产、学、研、商、居一体化发展的现代化新城。它以综合性科学研究为引领，

① 杨帆、张珺：《坚持统筹谋划 突显科学主题 加快建设中国西部（重庆）科学城》，《重庆日报》2020年4月14日，第001版。

以技术创新为重点，以产业生成为关键，以驱动发展为目的，以优美环境为支撑，致力于打造城市创新发展的‘智核’和人们向往的宜居家园”。

西部（重庆）科学城规划起点之高，谋篇布局之大，可谓是前所未有。它的出现必然会对成渝地区乃至全国经济产生重要影响，正如重庆市原市长唐良智所言："成渝地区是我国西部资源禀赋最优良、人力资源最丰富、经济实力最雄厚、发展活力最强劲的地区。建设西部（重庆）科学城，有利于补齐创新短板、提升区域创新能力，有利于优化全国创新版图、更好支撑创新型国家建设，有利于高质量推动成渝地区双城经济圈建设，从全局谋划一域，以一域服务全局。"[①]

二、西部（重庆）科学城怎么建？

要想解答西部（重庆）科学城怎么建，首先要了解它的地理环境，西部（重庆）科学城，位于中心城区西部槽谷，自然环境优越，水网交织，地势相对平坦，开发空间充裕。"两山夹两江"[②]形成的西部槽谷，有"向西联动渝西、辐射川东"的区位优势，交通纵横通达，有绕城高速、七纵线等快速纵线连接南北，中梁山隧道、华岩隧道等穿山隧道贯穿东西。西部（重庆）科学城涉及北碚、沙坪坝、九龙坡、江津、璧山5个区，规划面积高达1198平方千米。这一区域又拥有国家自

① 罗静雯：《西部（重庆）科学城：科学家的家创业者的城》，《重庆日报》2020年9月17日，第001版。

② 两山两江指的是：中梁山、缙云山、长江及嘉陵江。

主创新示范区、自由贸易试验区、国家级高新区、西永综合保税区等多块“金字招牌”，汇集了重庆大学等本专科院校28所、市级以上研发平台169个、西永微电园等产业园区14个，是创新创业创造的沃土。2020年4月20日，重庆市原市长唐良智主持召开重庆市规划委员会和重庆市城市提升领导小组会议，审议并通过了《中国西部(重庆)科学城国土空间规划(2020—2035年)》，并指出建设西部(重庆)科学城要重点抓好两件事："铸魂"及"筑城"。

聚焦科学主题"铸魂"。西部(重庆)科学城，既以科学为名，在建设中就要凸显科学主题。西部(重庆)科学城高校林立，科教资源十分丰富，如何将科学城和大学城深度融合，打造共生共荣的科技创新共同体，成为西部"创新源泉"和"人才摇篮"，成为西部(重庆)科学城的关键所在。2020年3月，重庆市建立科学城校地联席会议制度。重庆大学、西南大学、西南政法大学等14所在渝高校加入联席会议，旨在合力推动校地之间的合作，构建环大学城创新生态圈，推动科学城一体化发展。截止到10月底，已有24所高校、科研院所项目落户西部(重庆)科学城，这也标志着科学城与重庆高校、科研院所正式开启全面深入合作。

面向未来发展"筑城"。"城无产不兴，业无城不立"，西部(重庆)科学城要成为科技之城、智慧之城，就必须注重"以业兴城、以城聚人"，重庆市原市长唐良智曾在西部(重庆)科学城新闻发布会上，对社会各界发出诚挚邀请，"欢迎更多胸怀梦想、敢于创新的科学家、企业家、创业者，走进科学城、建设科学城、扎根科学城，和我们一道建设科学家的家、创业者的城。”除了汇聚各路英才之外，西部（重庆）科学城在规划中，也注重营造良好的环境，优化“生产、生活、生态”空间，如建设智能智慧城市，落地实施一批5G、工业互联网、云计算、数据中心等“新基建”项目，运用大数据智能化手段推进城市治理现代化，加快智慧交通、智慧市政、智慧旅游、智慧社区等建设，让城市变得更“聪明”，更智慧。据市规划局负责人介绍，西部（重庆）科学城将“围绕20平方千米的科学公园，打造50平方千米城市综合性中心，规划由湿地群、公园群和城中山体组成的科学大道城市主轴，规划科学会堂、国际体育赛事用地等一批重大项目，打造与全球城市24小时同频联动的国际城”。

三、西部（重庆）科学城的北碚蓝图

西部（重庆）科学城建设，为川渝各地的发展带来前所未有的机遇。目前，西部（重庆）科学城集中开工79个重大项目，总投资1300亿元，标志着西部（重庆）科学城全面建设。而在这各显神通的竞技场中，重庆北碚表现尤其亮眼，共涉及6个项目，总投资高达125亿元。在西部（重庆）科学城发展蓝图中，北碚区的表现之所以如此亮眼，缘于它对国家战略的快速响应、精准定位、敢于探索新路径以及展现新作为。

北碚区作为西部（重庆）科学城四大创新产业片区之一，在西部（重庆）科学城总体规划出炉后，迅速做出响应，抢抓重大战略机遇，加快谋划推进北碚园区整体规划建设，如及时组建重庆高新区歇马拓展园建设工作领导小组和指挥部，以及成立了以区委书记、区长任组长的园区领导小组，以区长任党委书记的园区管委会，实行“管委会+科学城北碚园区开发建设公司+缙融资本公司”三位一体，联动西南大学、中科院重庆绿色智能技术研究院、重庆材料研究院等高校、科研院所，为西部（重庆）科学城北碚园区的建设奠定了坚实基础。在西部（重庆）科学城发展蓝图中，西部（重庆）科学城北碚园区进一步明确其定位，即依托西部（重庆）科学城建设推动北碚人才集聚、平台建设、产业升级。围绕这个目标，北碚区委书记周旭就如何扎实推进西部（重庆）科学城北碚园区建设做出了相关指示：

> 要在建平台上下功夫，加强同市级部门、高校、科研院所、企业研究机构的工作联动和资源整合，争取布局建设大科学装置、国家重点实验室、国家制造业创新中心等重大科技基础设施，以平台升级吸引要素聚合，推进核心技术攻关和成果转化。要在兴产业上下功夫，突出“高”“新”特点，因地制宜、因势利导发展主导产业，加快打造特色优势产业群，优化产业链供应链，大力提升产业能级。要在聚人才上下功夫，统筹区内、区外两个方面，做好人才“引、育、留、用”，打造聚才“洼地”和用才“高地”，夯实创新发展人才基础。要在优环境上下功夫，深化科

> 技体制改革，打造科技新服务体系、制度文化等“软环境”。要在提品质上下功夫，加快拓展对外交通，建好配套设施，深化城市管理，加强山水林田湖草生态保护修复，推动产城景深度融合发展，着力打造宜居宜业宜游的现代化新区。[1]

为建设高水平科技创新中心，北碚在利用原有优势的基础上勇于探索新路径，其中“环西南大学创新生态圈”为西部（重庆）科学城北碚园区的建设按下了“快进键”。环西南大学创新生态圈，是重庆首批启动的六个环大学创新生态圈之一，是北碚区围绕西南大学打造的科技资源和高端人才集聚地。其主要实施“六大工程”，完善“四大链条”，建成“两个生态”，围绕西南大学打造科技资源和高端人才集聚地。在环西南大学创新生态圈的揭牌仪式上，就已有58个国内外科技创新项目、科技企业和创投基金集中签约落户环西南大学创新生态圈，其涉及领域包括人工智能、大数据、农业科技、生物科技、医疗健康等。环西南大学创新生态圈是北碚区促进高校科技成果转化的大胆尝试，对深化校地合作，增强科技创新转化能力，推动科学城建设具有里程碑的意义。

北碚区已经集中开工一批基础设施、产业项目，包括三条市政道路和新建标准化厂房、企业孵化楼，计划于明年陆续完成施工并交付使用。其中，三条市政道路建成后将畅通

① 邓公平：《抢抓重大战略机遇 加快谋划推进西部（重庆）科学城北碚园区建设》，《北碚报》2020年9月18日，第A1版。

园区发展的“生命线”。标准化厂房和企业孵化楼合计建筑面积约25万平方米，建成后将进一步助力全区发展高新技术产业，引导智能传感器产业集聚，打造全市传感器特色产业基地。截至2021年6月，西部（重庆）科学城北碚园区标志性建筑景观塔顺利完成封顶，现已进入二次结构、装饰装修等施工阶段，已经完成封顶的景观塔位于重庆传感器特色产业基地的中心位置，楼高11层，单层建筑面积约40平方米，总高度68.8米，是目前整个科学城北碚园区规划设计里唯一一个标志性建筑，登至塔内最高处，便可以将园区所有风景尽收眼底。

西部（重庆）科学城，是面向未来科技、未来产业、未来生活的未来之城，是鼓励创新、开放包容、成就梦想的梦想之城，是科学家的家、创业者的城。作为四大创新产业片区之一，北碚正以“功成不必在我、功成必定有我”的精神，以“时不我待、只争朝夕”的责任感和使命感，为全力推进西部（重庆）科学城建设做出北碚贡献。当然，西部（重庆）科学城的建设，也将成为助推北碚下一轮产业发展的新引擎，为北碚高质量繁荣发展描绘新蓝图！

后记

《科技北碚》是由中共北碚区委宣传部组织编写的十卷北碚文化丛书中的一卷，是一部较为全面客观反映北碚科技发展历程及历史贡献的普及性读物。在本书的编写过程中，我们重点秉持三项原则：真实性、生动性与普及性。

《科技北碚》的编写工作由郭亮、赵国壮主持，潘洵对书稿的撰写进行了全程指导，马振波负责各方协调。全书共计46篇，王刚、赵埜均、马振波、左春梅、陈志刚、邓怡迷、隆洋、曹高攀、肖远琴、卢敏、李冰冰、郭兰等参与了相关内容的编写。

在书稿撰写过程中，我们得到了北碚区科技局等相关部门和单位以及社会各界的广泛重视和积极支持。北碚区科技局等相关单位对项目研究工作给予了精心指导。中国四联仪器仪表集团有限公司、北碚图书馆、北碚区档案馆、重庆自然博物馆、西南大学党委宣传部、西南大学博物馆、家蚕基因组学国家重点实验室（西南大学）等部门和单位为编写组搜集、整理、研究北碚科技资料工作提供了大力支持。区级相关部门领导专家认真审阅了《科技北碚》书稿，提出了许多具体和宝贵的意见，对我们全面系统进行文字修改和史料核实给予了极大的帮助。

谨此，我们向对本书的撰写工作给予了大力支持的各级领导，对本书做出了贡献的同志表示衷心的感谢！

由于我们学识水平有限，《科技北碚》的不足或错漏之处在所难免，敬请读者批评指正。